Abi Profi
Geographie

Erarbeitet von

Peter Fischer und Dr. Manfred Koch

Cornelsen

Abi-Profi Geographie
Prüfungswissen – Lösungsstrategien und Tipps –
Abituraufgaben mit ausführlichen Lösungswegen

Redaktion: Hans-Ragnar Steininger

Grafik und Karten: Dr. Volkhard Binder
Layoutkonzept: Katrin Nehm
Technische Umsetzung: Bernd Schirok

Dieses Werk berücksichtigt die Regeln
der reformierten Rechtschreibung und Zeichensetzung.

Cornelsen online http://www.cornelsen.de

1. Auflage Druck 4 3 2 1 Jahr 08 07 06 05

Alle Drucke dieser Auflage sind inhaltlich unverändert
und können im Unterricht nebeneinander verwendet werden.

Druck: CS-Druck CornelsenStürtz, Berlin

ISBN 3-464-65664-0

Bestellnummer 656640

Gedruckt auf säurefreiem Papier,
umweltschonend hergestellt aus chlorfrei gebleichten Faserstoffen.

Vorwort

Liebe Abiturientin, lieber Abiturient,

Sie haben das Ziel deutlich vor Augen. Auch in Geographie wollen Sie im obersten Bereich die Punkte holen. Der Abi-Profi Geographie bietet Ihnen deshalb die Möglichkeit, sich fit zu machen und Ihre Abiturvorbereitungen gezielt vorzunehmen.

Für die Erschließung der diversen geographischen Quellen sind **Arbeitsmethoden** von eminenter Wichtigkeit. An zahlreichen Beispielen können Sie Ihre Fähigkeiten und Fertigkeiten festigen.

Abiturklausuren bringen Sie in die Welt der schriftlichen Abiturprüfung. Sie werden nicht nur mit den Arbeitsschritten zur Erfassung der Quellen vertraut gemacht, sondern erfahren Hintergründe über Aufbau, erwartete Leistungen und Bewertungen.

Für die **mündliche Abiturprüfung** finden Sie ebenfalls Tipps und Beispiele, die sich mit einer Kleingruppe gut testen lassen.

Die Materialien beziehen sich auf unterschiedliche stoffliche Schwerpunkte. Für eine weitere Vertiefung des Stoffes finden Sie Hinweise unter „Literatur und Quellen“.

Über die **Einheitlichen Prüfungsanforderungen in der Abiturprüfung Geographie** werden Sie ebenfalls informiert, damit Sie wissen, was von Ihnen erwartet wird.

Wir wünschen Ihnen nicht nur bei der Arbeit mit dem Abi-Profi viel Erfolg,
sondern auch im Abitur!

Inhalt

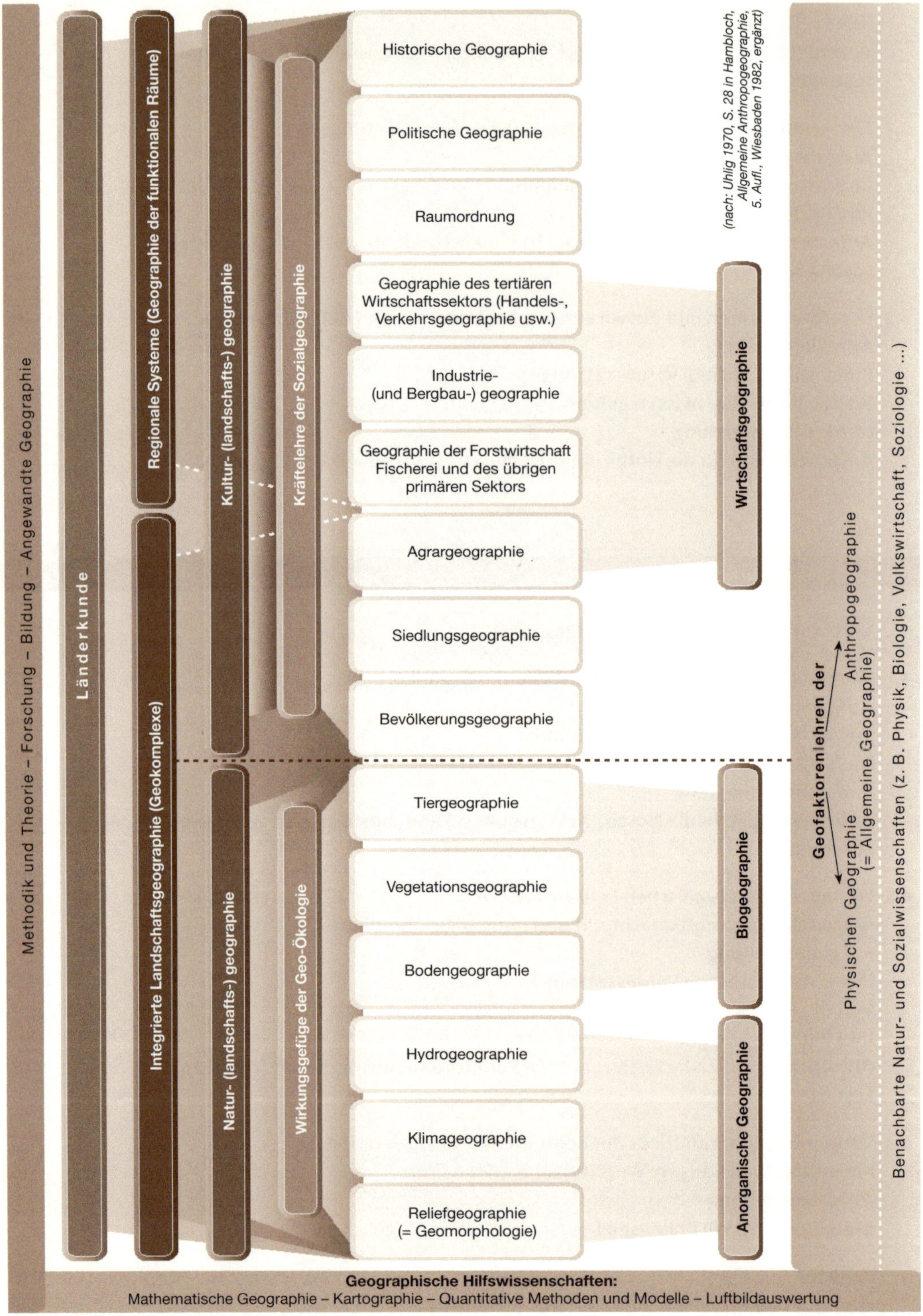
Methodik und Theorie – Forschung – Bildung – Angewandte Geographie
Länderkunde
Regionale Systeme (Geographie der funktionalen Räume)
Integrierte Landschaftsgeographie (Geokomplexe)
Kultur- (landschafts-) geographie
Natur- (landschafts-) geographie
Kräftelehre der Sozialgeographie
Wirkungsgefüge der Geo-Ökologie
Historische Geographie
Politische Geographie
Raumordnung
Geographie des tertiären Wirtschaftssektors (Handels-, Verkehrsgeographie usw.)
Industrie- (und Bergbau-) geographie
Geographie der Forstwirtschaft Fischerei und des übrigen primären Sektors
Agrargeographie
Siedlungsgeographie
Bevölkerungsgeographie
Tiergeographie
Vegetationsgeographie
Bodengeographie
Hydrogeographie
Klimageographie
Reliefgeographie (= Geomorphologie)
(nach: Uhlig 1970, S. 28 in Hambloch, Allgemeine Anthropogeographie, 5. Aufl., Wiesbaden 1982, ergänzt)
Wirtschaftsgeographie
Biogeographie
Anorganische Geographie
Geofaktorenlehren der
Physischen Geographie
Anthropogeographie
(= Allgemeine Geographie)
Benachbarte Natur- und Sozialwissenschaften (z. B. Physik, Biologie, Volkswirtschaft, Soziologie ...)
Geographische Hilfswissenschaften:
Mathematische Geographie – Kartographie – Quantitative Methoden und Modelle – Luftbildauswertung

1. Was von Ihnen im Abitur erwartet wird

1.1 Raumbezogene Handlungskompetenz

Der Raum ist der Kernbegriff der Geographie. Sie wissen, dass der Raum sowohl Existenzgrundlage als auch Ergebnis gesellschaftlichen und wirtschaftlichen Handelns ist. Alle Herausforderungen sind an eine der existenziellen Dimensionen des menschlichen Lebens, den Raum, gebunden. Sie kennen die geographischen Leitbegriffe Raumkenntnis, Raumverständnis, Raumbewertung und raumverantwortliches Handeln.
Raumkenntnis verlangt von Ihnen Orientierungs-, Fakten- und Begriffswissen.

Raumverständnis setzt das Erkennen von Raumstrukturen und raumwirksamen Prozessen voraus. Es schließt vernetztes Denken, Erfassung eines Systems in seiner raum-zeitlichen Verteilung, Aufzeigen von Kausalketten, Wechselwirkungen und Rückkopplungen sowie von Einflussgrößen und Störfaktoren mit ein. Die **Raumbewertung** erfordert die Beurteilung von räumlichen Strukturen und Prozessen. Sie bezieht sich auch auf raumrelevante politische Entscheidungen im Hinblick auf ihre wirtschaftlichen, gesellschaftlichen und ökologischen Auswirkungen.

Ihnen sind die grundlegenden Herausforderungen der Menschheit zu Beginn des 21. Jahrhunderts bekannt:

- Sicherung der natürlichen Lebensgrundlagen für Folgegenerationen durch nachhaltiges Wirtschaften sowie durch soziales und ökologisch verträgliches Handeln,
- Erfassen der Chancen und Risiken, die mit der zunehmenden Globalisierung, aber auch dem Prozess der Regionalisierung verbunden sind,
- Abbau von Disparitäten durch verantwortungsbewusstes Leben in der Einen Welt, zur Schaffung zukunftsfähiger Lebensverhältnisse,
- Gewährleistung eines friedlichen Miteinanders im Sinne globaler Nachbarschaft durch interkulturelles Verständnis.

Sie haben gelernt, die den Herausforderungen zugrunde liegenden Mensch-Raum-Beziehungen zu analysieren und fachbezogene Lösungsansätze zu entwickeln.

Die Kultusministerkonferenz hat in der „Vereinbarung zur Gestaltung der gymnasialen Oberstufe in der Sekundarstufe II“ eindeutig die grundlegenden Anforderungen formuliert:
„Im gesellschaftswissenschaftlichen Aufgabenfeld werden gesellschaftliche Sachverhalte in struktureller und historischer Sicht erkennbar gemacht. Durch geeignete, auch fachübergreifende und fächerverbindende Themenwahl sollen Einsichten in historische, politische, soziale, geographische, wirtschaftliche und rechtliche Sachverhalte sowie insbesondere in den gesellschaftlichen Wandel seit dem industriellen Zeitalter und in die gegenwärtigen internationalen Beziehungen und deren Voraussetzungen vermittelt werden.“

1.2 Fachliche Kompetenzen

Im Geographieunterricht haben Sie eine raumbezogene Handlungskompetenz erworben. Sie realisiert sich über folgende, eng miteinander verflochtene Teilkompetenzen: Sachkompetenz, Orientierungskompetenz, Methodenkompetenz, Darstellungskompetenz und Sozialkompetenz. In der Abiturprüfung werden diese Kompetenzen in ihrer Breite angemessen berücksichtigt.

Sachkompetenz
Die Sachkompetenz zeigt sich in der Beherrschung fachlicher Inhalte zur Erfassung von Mensch-Raum-Beziehungen. Sie
- *verstehen das System Erde als komplexes Gefüge der Teilsysteme der Natur- und Anthroposphäre und können Wirkungszusammenhänge nachweisen,*
- *kennen Geoökosysteme der Erde und können Folgen von Eingriffen einschätzen,*
- *kennen Strukturen von Räumen unterschiedlicher Maßstabsebenen sowie unterschiedlichen Entwicklungsstandes und können damit zusammenhängende regionale und globale Disparitäten und Verflechtungen erläutern,*
- *verstehen die mit den Kernproblemen des globalen Wandels verbundenen Chancen und Risiken und können Strategien zur Umsetzung des Leitbildes der Nachhaltigkeit kritisch reflektieren,*
- *kennen durch unterschiedliche wirtschaftliche, politische und soziokulturelle Einflüsse initiierte Raumentwicklungsprozesse und können Ansätze zur Lösung konkurrierender Nutzungsansprüche abwägen.*

Orientierungskompetenz
Die Orientierungskompetenz zeigt sich in der Fähigkeit zur Orientierung im Raum und in einer reflektierten Raumwahrnehmung. Sie
- *verfügen über räumliche Orientierungsraster auf lokaler, regionaler und globaler Maßstabsebene und in unterschiedlichen thematischen Anbindungen,*
- *können topographisches Orientierungswissen zur Erfassung gegenwärtiger räumlicher Strukturen und zukünftiger Entwicklungen nutzen,*
- *können unterschiedliche Verfahren zur räumlichen Orientierung anwenden,*
- *können die mit unterschiedlichen Raumwahrnehmungen verbundenen Bewertungen reflektieren und zum eigenen Handeln in Beziehung setzen,*
- *können sich in virtuellen Welten orientieren und diese mit realen Gegebenheiten in Beziehung setzen.*

Methodenkompetenz

Methodenkompetenz zeigt sich in der Fähigkeit und Fertigkeit, selbstständig mittelbar und unmittelbar räumliche Strukturen und Prozesse zu erschließen, Lösungsstrategien zu entwickeln und diese zur Grundlage des eigenen verantwortungsbewussten Handelns zu machen. Sie können

- *unterschiedliche Arbeitsmethoden der Geographie zur Informationsgewinnung, -verarbeitung und -darstellung anwenden,*
- *raumbezogene Problemstellungen durch Verknüpfen von Aussagen unterschiedlicher Materialien wie Karten, Graphiken, Statistiken, Bildern, Texten bzw. durch Erkundung vor Ort bearbeiten,*
- *reflektiert mit modernen Informations- und Kommunikationstechniken umgehen,*
- *Theorien und Modelle anwenden und hinsichtlich ihres Aussagewertes überprüfen,*
- *mithilfe des vernetzten Denkens komplexe Beziehungsgefüge erschließen,*
- *Verfahrensweisen zur Erarbeitung des Einmaligen eines Raumes und zur Ermittlung regelhaft wirkender Gestaltungskräfte aufgabenbezogen anwenden und die mit ihnen verbundenen Erkenntnismöglichkeiten reflektieren,*
- *unterschiedliche Lernstrategien und Wege der Erkenntnisgewinnung anwenden und aufgabenbezogen über ihre Effektivität reflektieren.*

Darstellungskompetenz

Die Darstellungskompetenz zeigt sich in der Fähigkeit, geographische Sachverhalte themen- und adressatenbezogen zu präsentieren. Sie können

- *räumliche Strukturen und Prozesse unter angemessener Nutzung der Fachsprache veranschaulichen,*
- *geographische Sachverhalte in graphische Darstellungen als besondere Form der fachlichen Kommunikation umsetzen,*
- *komplexe Wirkungszusammenhänge vereinfacht darstellen,*
- *zu geographischen Fragestellungen sachlogisch und strukturiert argumentieren,*
- *gewonnene Erkenntnisse bzw. selbst erarbeitete Ergebnisse verbal und medial präsentieren.*

Sozialkompetenz

Sozialkompetenz zeigt sich in der Bereitschaft und Fähigkeit, sich mit eigenen und fremden Wertsystemen auseinander zu setzen und Mitverantwortung für die Bewahrung der Lebensgrundlagen künftiger Generationen zu übernehmen. Sie

- *haben interkulturelles Verständnis als Grundlage eigenen Verhaltens entwickelt,*
- *sind bereit, an der Gestaltung der gegenwärtigen und zukünftigen Lebenswirklichkeit sachkundig und verantwortungsbewusst mitzuwirken,*
- *stellen bei der Bewältigung fachrelevanter und fachübergreifender Aufgaben Kommunikations- und Teamfähigkeit unter Beweis,*
- *können unter Berücksichtigung unterschiedlicher Perspektiven mit Konflikten umgehen und begründete Sach- und Werturteile fällen.*

1.3 Fachliche Inhalte

Die folgenden, eng miteinander verknüpften fachlichen Inhalte sind obligatorisch für den Unterricht in der gymnasialen Oberstufe. Sie sind nicht identisch mit Kursthemen und können in unterschiedlicher Intensität in den Lehrplänen/Richtlinien/Standards der Länder Berücksichtigung finden:

- physisch-geographische Teilsysteme der Geosphäre in ihren Strukturen, Prozessen und Wechselwirkungen
- Möglichkeiten und Grenzen der Nutzung von Landschaftszonen
- Ursachen und Folgen von Eingriffen in Geoökosysteme
- Wirtschaftssektoren und Standortfaktoren in ihrem Bedeutungswandel
- Tragfähigkeit im Bedingungsfeld demographischer und wirtschaftlicher Veränderungen
- Funktions- und Strukturwandel ländlicher und städtischer Siedlungen
- Leitbild der Nachhaltigkeit und seine Umsetzung
- Räume unterschiedlichen Entwicklungsstandes und verschiedener Maßstabsebenen in ihren regionalen und globalen Verflechtungen

Das **Grundkursfach** führt Sie in grundlegende Sachverhalte, Problemkomplexe und Strukturen ein. Sie lernen die wesentlichen Arbeitsmethoden kennen, festigen und erweitern sie.
Im **Leistungskursfach** befassen Sie sich mit der systematischen Erarbeitung von wesentlichen, die Komplexität und den Aspektreichtum der Geographie verdeutlichenden Inhalten. Sie arbeiten mit Theorien und Modellen, vertiefen Ihre Kenntnis der Arbeitsmethoden und wenden sie selbstständig an. Sie erreichen im Vergleich zum Grundkursfach einen höheren Grad an Transferfähigkeit, Reflexion und Methodenkompetenz.

1.4 Anforderungsbereiche

Die Abiturprüfung soll Ihr Leistungsvermögen möglichst differenziert erfassen. Dazu dienen drei Anforderungsbereiche, die sich nach Art, Kompexität und Grad der Selbstständigkeit der von Ihnen geforderten Leistungen unterscheiden. Darüber hinaus haben die Anforderungsbereiche wichtige Funktionen für die Aufgabenstellung, die Beschreibung, Erfassung und Beurteilung der erwarteten Prüfungsleistungen.
Die Berücksichtigung der Anforderungsbereiche trägt wesentlich dazu bei, Einseitigkeiten zu vermeiden, die Vergleichbarkeit der Prüfungsaufgaben und die der Bewertung der Prüfungsleistungen zu erhöhen.
Dabei lassen sich weder die Anforderungsbereiche scharf gegeneinander abgrenzen noch die zur Lösung der Prüfungsaufgabe erforderlichen Teilleistungen in jedem Einzelfall eindeutig einem bestimmten Anforderungsbereich zuordnen.
Die Zuordnung zu den Anforderungsbereichen ist abhängig vom vorangegangenen Unterricht, von den in den Lehrplänen/Richtlinien/Standards verbindlich vorgeschriebenen Zielen und Inhalten und von den zugelassenen Arbeitsmitteln.

Anforderungsbereich I umfasst
- die Wiedergabe von Sachverhalten aus einem begrenzten Gebiet im gelernten Zusammenhang,
- die Beschreibung und Verwendung gelernter und geübter Arbeitsweisen in einem begrenzten Gebiet und einem wiederholenden Zusammenhang.

Dazu gehören u. a.:
- Beschreiben von natur-, kultur- und wirtschaftsgeographischen Sachverhalten (z. B. Landschafts- und Vegetationszonen, Verstädterung, Erosion)
- sachgerechtes Verwenden fachwissenschaftlicher Begriffe (z. B. innertropische Konvergenz, Standortfaktor)
- Wiedergeben grundlegender Theorien und Modelle (z. B. Theorie der Plattentektonik, Stadtstrukturmodelle)
- Lokalisieren grundlegender geographischer Gegebenheiten (z. B. Lage von Landschaftszonen, Erdbebenzonen, Ballungsräumen)
- Einsatz grundlegender Arbeitsweisen und methodischer Schritte zur Informationsbeschaffung (z. B. anhand von Karten, Diagrammen, Satellitenbildern)
- fachsprachlich korrektes Wiedergeben und graphisches Darstellen bekannter geographischer Sachverhalte (z. B. Modell des demographischen Übergangs, Landschaftsmodell)
- Respektieren von fremden Lebenswelten, anderen Normen und Konventionen (z. B. Wertvorstellungen unterschiedlicher Kulturen)

Arbeits- und Handlungsanweisungen (Operatoren), die im Fach Geographie den Anforderungsbereich I erschließen, sind v. a.:
beschreiben, be-/nennen, aufzeigen, ermitteln, wiedergeben, bestimmen, darstellen

Anforderungsbereich II umfasst
- selbstständiges Ordnen, Bearbeiten und Erklären bekannter Sachverhalte,
- selbstständiges Anwenden und Übertragen des Gelernten auf vergleichbare Sachverhalte.

Dazu gehören u. a.:
- Erklären von natur-, wirtschafts- und sozialgeographischen Strukturen und Prozessen (z. B. Desertifikation, Struktur- und Funktionswandel in städtischen Räumen)
- Erläutern konkurrierender Raumnutzungsansprüche (z. B. zwischen Verkehrserschließung und Naturschutz)
- Anwenden von bekannten Regelhaftigkeiten und Modellen auf nicht behandelte Räume und Sachverhalte (z. B. Höhenstufen der Vegetation, Stadtstrukturmodelle auf im Unterricht nicht behandelte städtische Siedlungen)
- Einordnen von geographischen Informationen in topographische Orientierungsraster (z. B. Klimadaten in Klimazonen)
- Anwenden grundlegender Arbeitsweisen zur Informationsverarbeitung (z. B. Karten- und Tabellenauswertung und Verknüpfen der gewonnenen Informationen)
- Analysieren eines nicht behandelten Raumes unter vorgegebener Fragestellung (z. B. Potenzial für eine touristische Nutzung)
- Vergleichen von Strukturen und Prozessen in verschiedenen Räumen (z. B. Strukturwandel in altindustrialisierten Räumen)
- themenbezogenes, gegliedertes und fachsprachlich korrektes Darstellen
- Erstellen von Graphiken und Kartenskizzen auf der Basis von Informationen (z. B. Modellskizzen, Wirkungsgefüge)
- Erläutern von Gemeinsamkeiten und Unterschieden eigener und fremder Lebenswelten, Normen und Konventionen
- Verständnis für die Notwendigkeit nachhaltiger Entwicklung (z. B. Bevölkerungswachstum contra Ressourcenverknappung)

Arbeits- und Handlungsanweisungen (Operatoren), die den Anforderungsbereich II erschließen, sind v. a.:
ein-/zuordnen, erarbeiten, kennzeichnen, erläutern, erklären, analysieren, anwenden, übertragen, vergleichen, erstellen

Anforderungsbereich III umfasst
- planmäßiges Verarbeiten komplexer Gegebenheiten mit dem Ziel, zu selbstständigen Begründungen, Folgerungen, Lösungsansätzen, Deutungen und Wertungen zu gelangen,
- selbstständiges Auswählen und Anwenden geeigneter Arbeitsmethoden und Darstellungsformen in neuen Situationen und Beurteilung ihrer Effizienz.

Dazu gehören u. a.:
- Überprüfen der Anwendbarkeit von Theorien und Modellen auf ein Beispiel (z. B. Standorttheorien, Klimaklassifikationen)
- Bewerten räumlicher Potenziale für unterschiedliche Nutzungen und konkurrierender Raumnutzungsansprüche (z. B. Revitalisierung von Industriebrachen)
- Erörtern von nachhaltigen Lösungsansätzen (z. B. Wassermanagement, Sicherung der Ernährung)
- Stellung nehmen zu Entwicklungskonzepten (z. B. Umsiedlung zur Raumerschließung, Dekonzentration, Reurbanisierung)
- Reflektieren von Zukunftsszenarien (z. B. Klimaprognosen)
- begründetes Unterscheiden zwischen realen und virtuellen Welten (z. B. Simulationsspiele)
- selbstständiges Entwickeln einer Arbeitsstrategie zur Lösung einer Aufgabenstellung (z. B. Bildung einer Hypothese und ihre Überprüfung)
- Beurteilen des Aussagewertes der verwendeten Materialien
- Reflektieren des erzielten Arbeitsergebnisses im Zusammenhang mit der gewählten Verfahrensweise
- adressatenbezogenes, sachlogisch strukturiertes, fachsprachlich korrektes Präsentieren von Ergebnissen unter Nutzung geeigneter Materialien und Medien
- Diskutieren von Problemstellungen (z. B. Entwicklung der Terms of Trade)
- reflektierter Umgang mit Leitbildern, Normen und Konventionen auch im Kontext eigenen und fremden Handelns

Arbeits- und Handlungsanweisungen (Operatoren), die den Anforderungsbereich III erschließen, sind v. a.:
beurteilen, bewerten, Stellung nehmen, entwickeln, überprüfen, diskutieren, erörtern, reflektieren, präsentieren

1.5 Schriftliche Prüfung

Im Mittelpunkt der schriftlichen Prüfung stehen Mensch-Raum-Beziehungen unter Beachtung sowohl physisch-geographischer als auch anthropogeographischer Aspekte. Die Prüfungsaufgabe hat die erworbenen Kompetenzen angemessen zu berücksichtigen.

Die Aufgabenart ist die materialgebundene Problemerörterung mit Raumbezug.
Diese Aufgabenart zielt in besonderer Weise auf die Überprüfung der erworbenen Kompetenzen in den drei Anforderungsbereichen. Eine Problemerörterung erfordert den Nachweis von Fähigkeiten zum Erfassen von Problemsituationen, zur Analyse des damit verbundenen komplexen Sachverhaltes bis hin zur kritischen Reflexion, zur Stellungnahme oder zur Entwicklung von Lösungsansätzen. Die Materialien sind im Zusammenhang mit den unterrichtlichen Vorkenntnissen Grundlage für eine Vernetzung von Einzelinformationen zu einer problembezogenen Gesamtdarstellung.

Eine Prüfungsaufgabe muss sich auf alle drei Anforderungsbereiche erstrecken, sodass eine Beurteilung ermöglicht wird, die das gesamte Notenspektrum umfasst.

Die Prüfungsaufgabe sowohl für das Grundkursfach als auch für das Leistungskursfach erreicht dann ein angemessenes Niveau, wenn das Schwergewicht der zu erbringenden Prüfungsleistungen im Anforderungsbereich II liegt und daneben die Anforderungsbereiche I und III berücksichtigt werden. Unabhängig von der Kursart gilt, dass die Anforderungen nicht ausschließlich im Bereich der Wiedergabe von Kenntnissen liegen dürfen, wenn eine ausreichende Leistung erreicht werden soll.

1.6 Mündliche Prüfung

Die mündliche Prüfung zielt auf alle Anforderungsbereiche und orientiert sich an den fachlichen Inhalten und den Kompetenzen. Dabei kommen die Darstellungs- und Sozialkompetenz besonders zum Tragen. Aufgabenart ist die materialgebundene Problemerörterung mit Raumbezug.

Die mündliche Prüfung besteht aus zwei Teilen, die einerseits die Fähigkeit zum Vortrag, andererseits die zum themengebundenen Gespräch verlangt.

Für die Anforderungen an die mündliche Prüfung und die Bewertung der Prüfungsleistung gelten dieselben Grundsätze wie für die schriftliche Prüfung.
Spezifische Anforderungen an Sie sind:
- sich klar und hinlänglich differenziert auszudrücken und die vorbereiteten Arbeitsergebnisse in gegliedertem Zusammen hang frei vorzutragen und adressatenbezogen darzustellen,
- ein themengebundenes Gespräch zu führen, dabei auf Impulse einzugehen und gegebenenfalls eigene sach- und problemgerechte Beiträge zu weiteren Aspekten einzubringen,
- eine Einordnung von Sachverhalten oder Problemen in übergeordnete Zusammenhänge vorzunehmen,
- sich mit den Sachverhalten und Problemen selbstständig auseinander zu setzen und gegebenenfalls eine eigene Stellungnahme abzugeben.

Für die Bewertung gelten folgende zusätzliche Kriterien:
- Art und Strukturierung des Vortrages,
- Fähigkeit zur verbalen und nonverbalen Kommunikation,
- Eingehen auf Gesprächsimpulse,
- situationsbezogene Argumentations- und Urteilsfähigkeit.

1.7 Fünfte Prüfungskomponente

„Die Abiturprüfung umfasst mindestens vier, höchstens fünf Komponenten. Fünfte Komponente ist entweder eine schriftliche oder eine mündliche Prüfung in einem weiteren Fach oder eine besondere Lernleistung."

Die fünfte Prüfungskomponente bietet die Möglichkeit, ein Arbeitsvorhaben innerhalb eines vorgegebenen längeren Zeitrahmens zu bewältigen, die Ergebnisse reflektierend zu präsentieren und selbstkritisch zu beurteilen. Die Präsentation kann mit einem Kolloquium verbunden sein.
Diese Prüfungsform findet als Einzel- und/oder als Gruppenprüfung statt.

Diese Empfehlungen tragen dem Umstand Rechnung, dass in den Lehrplänen/Richtlinien/Standards der Länder und in der Praxis des Oberstufenunterrichts zunehmend neue Arbeitsformen an Bedeutung gewinnen, die geeignet sind, verschiedene Kompetenzen der Schülerinnen und Schüler zu erweitern und zu vertiefen.

Kennzeichen der neuen Prüfungsformen sind u. a.
- größere Offenheit in der Themenstellung,
- stärkere Selbstständigkeit der Prüflinge,
- Kooperation und Kommunikation zwischen den Prüflingen,
- projektorientiertes Lernen,
- eigenständige Präsentation der Ergebnisse,
- fachübergreifende und fächerverbindende Vernetzungen,
- Einbringen außerunterrichtlich erworbener Kenntnisse und Erfahrungen.

Die Themenfindung erfolgt durch Sie in Absprache mit der Lehrkraft. Es ist darauf zu achten, dass die gewählte Themenstellung einen konkreten Raumbezug aufweist, eine eigene persönliche Stellungnahme oder kritische Reflexion ermöglicht und in der zur Verfügung stehenden Zeit bearbeitet werden kann.

Präsentation
Diese Prüfungsform kombiniert die inhaltliche Beherrschung eines geographischen Sachverhalts mit der Fähigkeit, diesen strukturiert und überzeugend präsentieren und auf Nachfragen sach- und adressatenbezogen reagieren zu können.

Die Präsentation zielt auf die verbale und mediale Darstellung von Ergebnissen des forschenden Lernens (z. B. Kartierung des Struktur- und Funktionswandels einer ländlichen Siedlung, experimentelle Überprüfung physisch-geographischer Sachverhalte, Datenerhebung zum Einzugsgebiet eines Einkaufszentrums, Literatur- und/oder Internetrecherche zu einem Entwicklungshilfeprojekt, Vorstellen einer Exkursionsroute zu stadtökologischen Fragestellungen, Dokumentation von Umweltbelastungen mithilfe eines Geographischen Informationssystems).

Kolloquium
Diese Prüfungsform zielt auf die Erörterung von Arbeitsergebnissen. Sie eignet sich auch für die Entfaltung fächerverbindender Bezüge einer Aufgabe, z. B. Erläuterung und Bewertung einer städtebaulichen Maßnahme oder eines Vorhabens (Geographie/Kunst/Geschichte), Rekultivierung, Renaturierung oder Revitalisierung an einem selbst gewählten Beispiel (Geographie/Biologie/Chemie).

Das Kolloquium wird in der Regel ein Gespräch zwischen Ihnen und dem Prüfer sein. Darüber hinaus können sich aber auch mehrere Prüflinge, die unterschiedliche Themen, welche einer übergeordneten Fragestellung zuzuordnen sind, bearbeitet haben, argumentativ und ggf. diskursiv austauschen oder sich beispielsweise der Diskussion mit einem Expertenteam stellen. Vorbereitungszeit und Dauer der Prüfung sind abhängig von der gewählten Prüfungsform.

Spezifische beurteilungsrelevante Anforderungen an die fünfte Prüfungskomponente sind insbesondere die Fähigkeit

- zum selbstständigen Erschließen raumbezogener Sachzusammenhänge,
- zur situationsbezogenen/situationsangemessenen Präsentation mit themengerecht akzentuierter und strukturierter Darstellung,
- zur mediengestützten Präsentation, auch unter Einbeziehung geographischer Software,
- zu kontroversem Argumentieren in größeren Zusammenhängen,
- zur reflexiven Distanz gegenüber dem Arbeitsprozess und zum Arbeitsergebnis.

In einer Gruppenprüfung ist auf eine gerechte Chancenverteilung zu achten. Gegenstand der Bewertung ist in jedem Fall die Leistung des einzelnen Prüflings.

Anmerkung: *Die Ausführungen orientieren sich an dem Beschluss der Kultusministerkonferenz von 1979 in der Fassung von 2005: „Einheitliche Prüfungsanforderungen in der Abiturprüfung" Geographie (EPA).*

2 Umgang mit Materialien und Methoden

2.1 Arbeitsaufträge und ihre Bedeutung

Was sind Arbeitsaufträge?

Arbeitsaufträge sind Handlungsanweisungen zur gezielten Erschließung von Materialien. Sie werden häufig als W-Fragen formuliert – *wann, wo, weshalb* – und sind Ihnen seit Beginn der Schulzeit bekannt. Für Abiturklausur und mündliche Abiturprüfung müssten sich Arbeitsaufträge zu den Materialien eigentlich erübrigen, denn Sie sollen Selbstständigkeit bei der Bearbeitung nachweisen und theoretisch die Erschließungsaufgaben selbst an die Quellen stellen. Da die Realität anders ist, widmen wir uns den Kategorien von Arbeitsaufträgen, denn leider kommt es immer wieder vor, dass an ihnen vorbei „interpretiert" wird – das kostet Punkte.

Die Arbeitsanweisungen untergliedern sich in drei Schwierigkeitsgrade bzw. Anforderungsbereiche – sie sind hierarchisch gestuft.

Unterste Anforderungsebene (I): Hier geht es um **Wissen.** Sie sollen Sachverhalte aus einem begrenzten Bereich wiedergeben, dabei fachwissenschaftliche Begriffe mit verwenden und gegebenenfalls mithilfe gelernter Arbeitstechniken eine andere Darstellungsform wählen. Liegen Ihnen Aufgabenstellungen vor, die mit *nennen, benennen, feststellen, wiedergeben, beschreiben* oder *darstellen* beginnen, befinden Sie sich im Aufgabenbereich I.

Nennen, benennen, feststellen: Sie entnehmen dem Material gezielt Informationen, geben aber keinen Kommentar oder eine Erläuterung ab. Oft reicht eine schlichte Aufzählung. Achten Sie bei Karten immer auf die Legende.
Beispiel: Nennen Sie die verschiedenen Küstenformen an Nord- und Ostsee.

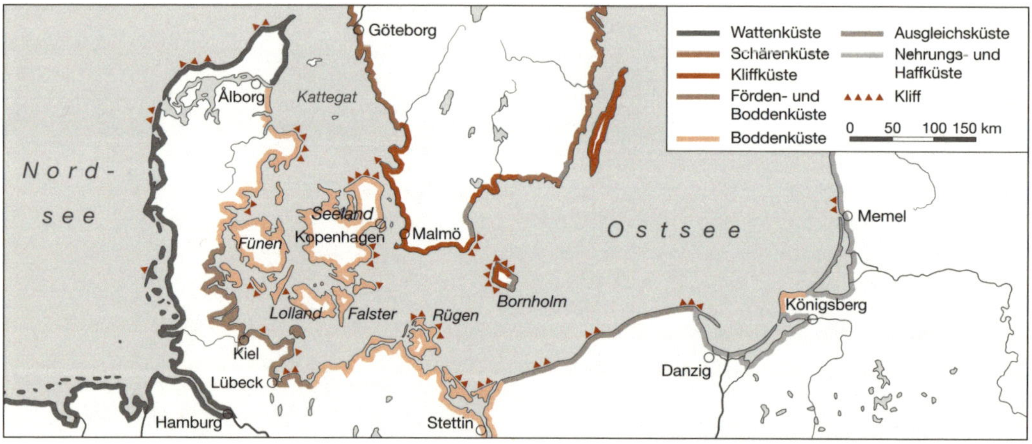

(Quelle: Mensch und Raum, Raumanalyse, S. 34)

Lösung: An der *Nordseeküste* herrscht Wattenküste vor. Vereinzelt, so auf Sylt und an der Nordküste Jütlands, sind Kliffs verbreitet. Die Ostseeküsten sind stärker untergliedert. In Dänemark sind Boddenküsten verbreitet, in Schweden Schären- und Kliffküsten. An der deutschen *Ostseeküste* gehen die Förden- in Boddenküsten über und setzen sich östlich des Oderhaffs in Ausgleichsküsten fort. Nach Osten folgen Nehrungs- und Haffküsten.

Wiedergeben: Sie fassen einen Sachverhalt in Stichworten oder als Aufzählung zusammen. Das muss nicht nur die Materialauswertung sein. Auch Wissen kann eingebracht werden. Sie konzentrieren sich auf die Grundzüge, nehmen jedoch keine Bewertung vor.

Beispiel: Geben Sie den Inhalt des Artikels in Form von Thesen wieder.

Kaffee. Die Weltproduktion betrug 2001 7,045 Mio. t. Die wichtigsten Kaffee-Exportländer sind Brasilien, Kolumbien, Vietnam, Indonesien, Côte d'Ivoire, Guatemala und weitere mittelamerikanische Staaten; die bedeutendsten Importländer sind die USA, Deutschland, Frankreich, Japan und Italien. Die bedeutendsten Export- und Importländer sind in der ICO (Internationale Kaffee-Organisation) zusammengeschlossen, die aber keinen Einfluss auf die Preispolitik nimmt. Versuche von 28 Erzeugerländern, durch einen 2000 erfolgten Zusammenschluss zur APC (Association of Coffee Producing Countries) ein Quotensystem zur Preisstabilisierung einzuführen, scheiterte bisher. Der Weltmarktpreis für Kaffee litt 2003 wie schon in den Vorjahren unter dem starken Missverhältnis zwischen stagnierendem Verbrauch in den europäisch-nordamerikanischen Importländern und steigender Erzeugung bei gleichzeitig vollen Lagern. So lag der Preis an der New Yorker Warenbörse, der 1994 noch 202 US-Cents/lb betragen hatte, 2003 meist um 65 Cents.

(Quelle: Der Fischer Weltalmanach 2005, S. 616)

Lösung: 1. weltweit steigende Kaffee-Produktion, 2. stagnierender Absatz in Abnehmerländern, 3. ICO kein Instrument zur Preisregulierung, 4. Quotensystem nicht durchzusetzen, 5. Preisverfall durch Überangebot

Beschreiben: Sie heben in der Einleitung hervor, was Sie beschreiben wollen (Material, Inhalt). Sie stellen anschließend den Sachverhalt und möglichst alle Einzelheiten vor.

Beispiel: Beschreiben Sie den Schalenbau der Erde.

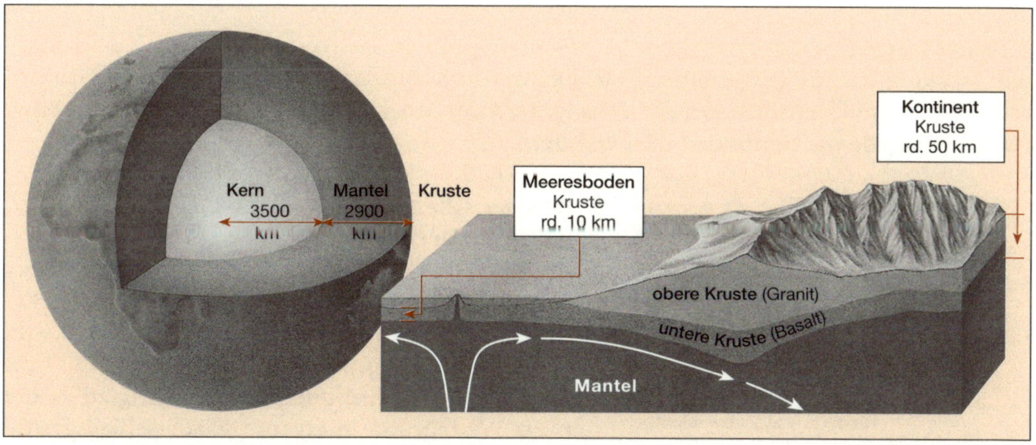

(Quelle: Mensch und Raum, Raumanalyse, S. 7)

Lösung: Die Erde besteht aus der Kruste, dem Mantel und dem Kern. Die dünne Erdkruste setzt sich auf den Kontinenten aus zwei Schichten zusammen. Die obere, aus Granit bestehende Kruste ist am Meeresboden nicht vorhanden. Die äußere starre Hülle umfasst die Kruste und den oberen Teil des bis zu 2900 km mächtigen Mantels. Die Pfeile zeigen die Strömungsrichtung des glutflüssigen Magmas im Erdmantel.

Darstellen: a) graphisch 1: Sie setzen eine Tabelle z. B. in ein Linien- oder Säulendiagramm um. x-, y-Achsen, Überschrift, Legende sollten nicht vergessen werden.
graphisch 2: Sie setzen Textinformationen in eine Skizze um, z. B. ein Fließschema oder ein Pfeildiagramm. Eine solche Darstellung kann auch ohne Materialvorlage erfolgen.
b) sprachlich: Sie beschreiben einen Sachverhalt, stellen aber bereits Beziehungen her.

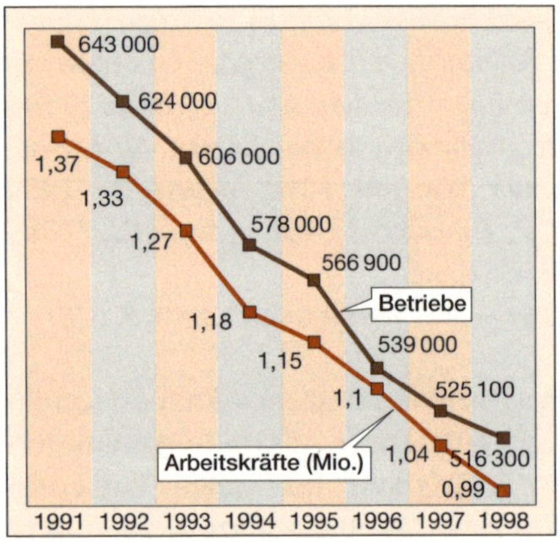

(Quelle: Aktuelle Landkarte 5/99)

Beispiel: Stellen Sie die Entwicklung in der deutschen Landwirtschaft dar.
Lösung: Von 1991 bis 1998 ist die Zahl der landwirtschaftlichen Betriebe kontinuierlich von 643 000 auf 516 300 gesunken. Ebenso ging die Zahl der Arbeitskräfte von 1,37 Mio. auf 990 000 zurück. Die Angaben über die Arbeitskräfte unterscheiden nicht nach Betriebsinhabern und familienfremden Arbeitskräften. Ein Ende der Entwicklung ist aus den Liniendiagrammen nicht abzulesen. Da die landwirtschaftlich genutzte Fläche nicht im gleichen Maß zurückging, bleibt als Schlussfolgerung, dass die Betriebsgrößen sich nach oben veränderten und die geleistete Arbeit je Arbeitskraft gestiegen ist.

Mittlere Anforderungsebene (II): Sie umfasst das Erklären und Anwenden. Sie ordnen Sachverhalte, erklären sie und übertragen Ihre Ergebnisse auf neue Sachverhalte. Verben wie *charakterisieren, gliedern, ordnen, erklären, erläutern, analysieren, interpretieren, gegenüberstellen, vergleichen* weisen auf den zweiten Schwierigkeitsgrad hin.

Charakterisieren, gliedern, ordnen: Sie beschreiben einen Sachverhalt unter einem besonderen Aspekt bzw. einer Fragestellung. Sie ergänzen Ihre Aussagen durch Angaben zu Größenordnungen und Quantifizierungen. Häufig steht der Arbeitsauftrag in Verbindung mit einer zweiten Aufgabe wie begründen oder erläutern.

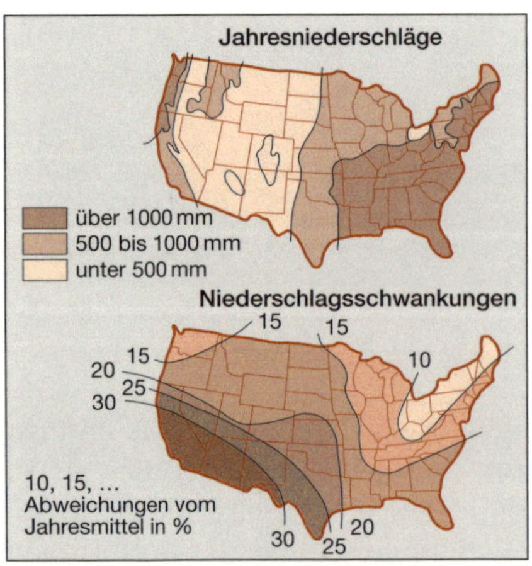

(Quelle: Geographie 12/13, S. 344)

Beispiel: Charakterisieren Sie die klimatischen Verhältnisse der Great Plains.
Lösung: Die Great Plains liegen östlich der Rocky Mountains. Sie erstrecken sich von der Grenze Kanada/USA im Norden bis zum Golf von Mexiko im Süden. Die Jahresniederschläge betragen 500 bis 1000 mm. Der einhundertste Längengrad bildet nach Westen eine markante Niederschlagsgrenze zwischen den humiden und den ariden Regionen. Die Abweichungen vom langjährigen Jahresmittelwert der Niederschlagsschwankungen belaufen sich in den nördlichen, den westlichen und den zentralen Great Plains auf 20 %, in den südwestlichen Great Plains auf 25 %. Im ungünstigen Fall kann der Jahresniederschlag auf unter 400 mm sinken.

Erläutern, erklären: Sie machen Zusammenhänge, die in den Materialien erkennbar sind, in allen Einzelheiten deutlich. Dazu müssen Sie Zusatzinformationen aus Ihren Vorkenntnissen mit einbringen. Eine Bewertung wird an dieser Stelle noch nicht gefordert.

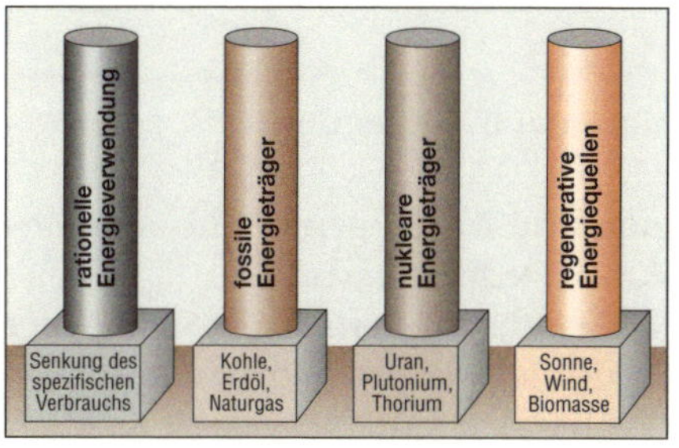

(Quelle: Raumanalyse, S. 89)

Beispiel: Erläutern Sie das Modell der vier Säulen des künftigen Energiesystems.
Lösung: Der linke Säulensockel stellt eine Forderung dar, die drei rechten kennzeichnen die verschiedenen Energieträger. Die Säulen erfassen die Energiesituation ohne Gewichtung der Energieträger. Die Forderung nach rationeller Verwendung ergibt sich aus der Endlichkeit der Ressourcen, den Risiken durch Kernkraftwerke und dem erst geringen Anteil regenerativer Energiequellen.

Analysieren, interpretieren: Sie gehen ähnlich vor wie beim Erklären und Erläutern. Als Quelle dient in der Regel ein Text, eine Karte oder eine Tabelle. Sie erfassen die Einzelaussagen und stellen Beziehungen zwischen den dargestellten Inhalten her.

Produktion 2001; *1989–1991 = 100*		
Gebiet	***insges.***	***je Ew.***
Welt	*125,4*	*107,4*
Europa (mit Russland)	*87,8*	*87,2*
– darunter Russland	*66,3*	*67,9*
Nord- und Mittelamerika	*122,1*	*106,1*
– darunter USA	*121,8*	*108,6*
Südamerika	*146,6*	*123,4*
– darunter Brasilien	*150,6*	*129,1*
Asien	*145,6*	*123,8*
– darunter VR China	*179,0*	*128,8*
Indien	*160,8*	*106,1*
Afrika	*131,2*	*100,0*
Australien/Ozeanien	*140,4*	*119,6*

(Quelle: Der Fischer Weltalmanach 2005)

Beispiel: Analysieren Sie die Entwicklung der Nahrungsmittelproduktion.
Lösung: Die Tabelle zeigt eine Zunahme der globalen Nahrungsmittelproduktion. Da in der gleichen Zeit die Wachstumsrate der Weltbevölkerung höher ausfiel, ging die Pro-Kopf-Produktion von Nahrungsmitteln gegenüber 1989/1991 zurück. Besonders auffällig ist der Rückgang in Europa (mit Russland). Dem stehen positive Entwicklungen in den beiden bevölkerungsreichsten Ländern gegenüber. In Afrika veränderte sich 2001 die Pro-Kopf-Produktion gegenüber dem Bezugsjahr nicht.

Vergleichen: Beschreiben und analysieren Sie. Der Vergleich, aufeinander folgend oder in Gegenüberstellung, soll Gemeinsamkeiten bzw. Unterschiede deutlich machen.

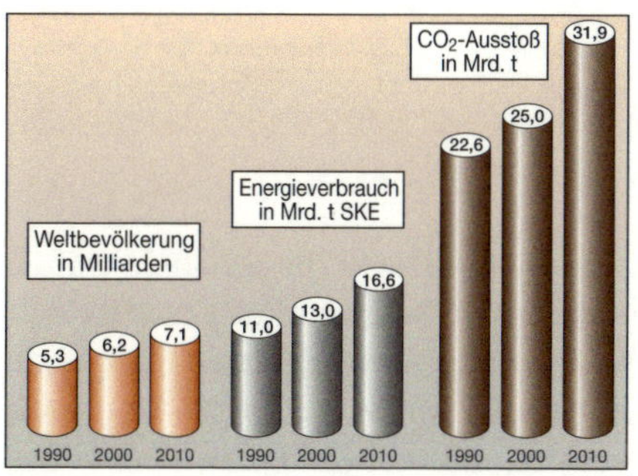

(Quelle: Geographie 12/13, S. 269)

Beispiel: Vergleichen Sie die Entwicklung von Weltbevölkerung und Weltenergieverbrauch.
Lösung: Die Weltbevölkerung wächst von 1990 bis 2010 um 1,8 Mrd. Menschen (34 %). Der Energieverbrauch nimmt um 5,6 Mrd. t SKE zu (51 %). Der CO_2-Ausstoß steigt um 9,3 Mrd. t (41 %). Während die Weltbevölkerung von 2000 bis 2010 nur um 14,5 % zunimmt, steigen im gleichen Zeitraum der Energieverbrauch um 27,7 % und der CO_2-Ausstoß um 27,6 %. Zwischen Bevölkerungswachstum und Energieverbrauch öffnet sich eine Schere.

Oberste Anforderungsebene (III): Sie sollen nun Ihre Urteilsfähigkeit nachweisen. Dazu verarbeiten Sie komplexe Sachverhalte und nehmen selbstständig Schlussfolgerungen, Begründungen und Bewertungen vor. Handlungsanweisungen wie *begründen, Gründe aufzeigen, beurteilen, erörtern, diskutieren, entwickeln, entwerfen, Stellung nehmen, überprüfen* zeigen Ihnen an, dass Sie problembezogen vorgehen müssen.

Begründen: Sie stellen Ursachen und Auswirkungen zueinander in Beziehung.

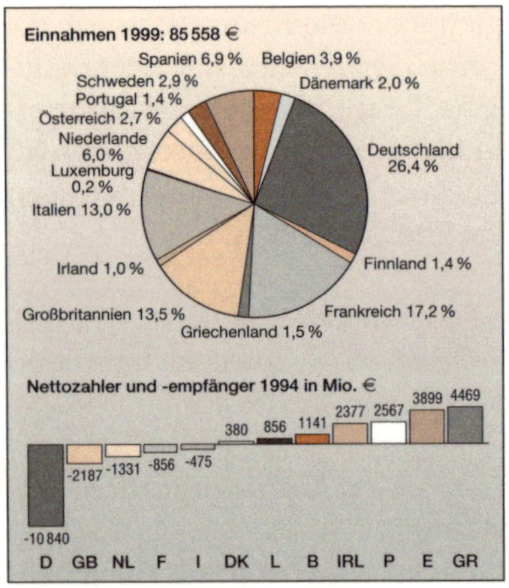

(Quelle: Geographie Grundkurs, S. 84)

Beispiel: Einnahmen und Zahlungen der EU. Begründen Sie die EU-Beiträge Deutschlands.
Lösung: Deutschland gehörte innerhalb der Staaten der EU gemessen am Bruttoinlandsprodukt zu den reichsten Ländern. Die EU hat sich zum Ziel gesetzt, in allen Staaten gleiche Lebensverhältnisse zu schaffen. Deutschlands Zahlung an den EU-Haushalt belief sich 1999 auf 26 % (22,6 Mrd. €). Zurückgeflossen waren 1994 nur 10,8 Mio. €. Dafür, dass Deutschland Nettozahler ist, also mehr einzahlt, als es erhält, werden verschiedene Gründe aufgeführt. So heißt es, Deutschland verdanke seinen Wohlstand hauptsächlich den Exporten in die anderen EU-Länder. Außerdem sei es moralisch verpflichtet, seinen Wohlstand mit den anderen europäischen Ländern zu teilen.

Entwickeln, entwerfen: Sie untersuchen, analysieren einen Sachverhalt. Dann stellen Sie eine weiterführende Betrachtung auf der Grundlage Ihrer Kenntnisse an.

Beispiel: Meadows Szenario
Entwerfen Sie ein Szenario, das den von Meadows erwarteten Zusammenbruch des Weltsystems verhindern könnte.
Lösung: Das Modell von Meadows erwartet den globalen Zusammenbruch ab Mitte des 21. Jahrhunderts Die Konsumgesellschaft nähert sich dem Ende, auch ohne Kriege, Krankheiten und Katastrophen. Die Grenzen der Umwelt sind selbst bei bescheidenem Materialverbrauch überlastet. Der langfristige Erhalt der Menschheit erfordert eine Begrenzung des Bevölkerungswachstums.
Die Höchstgrenze wäre bei 8 Mrd. Menschen anzusetzen. Parallel dazu müsste die Industrieproduktion auf 350 US-$ pro Kopf und Jahr bezogen auf das Basisjahr 1992 reduziert werden. Der Westen müsste den Pro-Kopf-Verbrauch verringern, der Süden die Bevölkerungszahl und der Osten die Schadstoffemissionen. Materielle Beschränkung darf jedoch nicht zu absoluter Armut führen. Ein Ende des Wachstums muss nicht automatisch Grenzen der menschlichen Entwicklung einschließen.

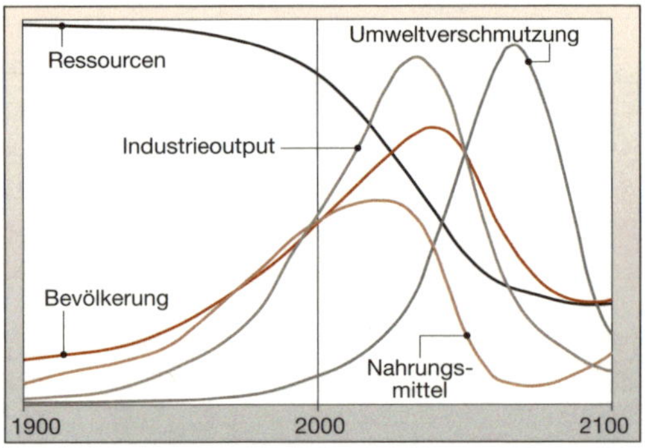

(Quelle: Geographie 12/13, S. 51)

Erörtern, diskutieren: Sie betrachten einen Sachverhalt aus verschiedenen Blickwinkeln, indem Sie Argumente nacheinander oder in der Gegenüberstellung vorbringen. Zum Schluss legen Sie Ihre eigene Meinung dar.

Beispiel: Erörtern Sie die Grenzen der Importsubstitutionspolitik.
Bei der Importsubstitution versucht ein Land, den Import von Gütern durch den Aufbau inländischer Produktion zu ersetzen. Das wichtigste Instrument ist die Differenzierung der Zollsätze für Fertigprodukte und Vorprodukte. Werden für Fertigprodukte höhere Zölle als für Vorprodukte verlangt, ist es billiger, die Güter im Land herzustellen. Inländische Produzenten können expandieren, ausländische Hersteller verlagern ihre Produktion in das Zielland. Diese Strategie lässt sich jedoch nur in Ländern mit ausreichend großem Binnenmarkt realisieren; außerdem darf die Zollsatzdifferenzierung nur für einen begrenzten Zeitraum ausgelegt werden, sonst ergeben sich ähnlich veraltete Produktionsstrukturen wie bei der Abkopplungsstrategie. Viele Industrie- und Entwicklungsländer setzen diese Strategie zeitlich befristet und auf einzelne Güter ausgerichtet ein.
(Quelle: GEOS Wirtschaftsräume und Siedlungen, S. 58)

Lösung: Merkmale eines Binnenmarktes sind die innerhalb eines Landes vorhandenen Produktionsfaktoren sowie die Anzahl und das Einkommen der Konsumenten. Produktionsfaktoren und Konsumenten begrenzen die Möglichkeiten einer Importsubstitutionspolitik. Bei einem hohen Importanteil von Rohstoffen an der Güterproduktion ist es günstiger, die Waren zu importieren.
Als nachteilig erweist sich, wenn nur heimische, die Umwelt belastende Rohstoffe zum Ersatz der Importe genutzt werden.
Länder mit einem nur kleinen Binnenmarkt haben in der Regel wenig Erfolg mit ihrer Importsubstitutionspolitik.
Für die Importsubstitution sind meist zeitliche Begrenzungen vorgesehen. So durchlief Südkorea verschiedene Phasen der Importsubstitution, um sie für die Exportindustrialisierung zu nutzen. Gelingt es aber innerhalb der vorgegebenen Zeit nicht, eine konkurrenzfähige Produktion aufzubauen, wird die Neigung verstärkt, die Schutzmaßnahmen beizubehalten.

Beurteilen, bewerten, Stellung nehmen: Sie erläutern, analysieren, charakterisieren zuerst einen Sachverhalt. Anschließend versuchen Sie, Ihre Meinung mit möglichst durchdachten Sachargumenten wiederzugeben.

Beispiel: Mögliche Erschließungsschneisen im Norden.
Bewerten Sie die Verkehrsinfrastruktur für ganz Sibirien unter besonderer Berücksichtigung des Schienenverkehrs. Beurteilen Sie die mögliche Bedeutung und die Realisierungsmöglichkeiten der großen noch geplanten Strecken.
Lösung: Die Transsib durchquert Sibirien in ganzer Länge vom europäischen Teil Russlands bis in den Fernen Osten nach Wladiwostok am Pazifischen Ozean.
Die Transsib erschließt die Südzone Russlands mit großen Bodenschätzen und die großen Städte. Südlich besteht mit der Südsibirischen Eisenbahn Jushsib vom Ural nach Taischet eine weitere West-Ost-Verbindung, die jedoch im westlichen Teil über das Territorium von Kasachstan verläuft. Von Tschita aus zweigt ein Strang der Transsib nach China über die Mandschurische Bahn nach Wladiwostok ab.

Nördlich der Transsib verläuft von Taischet bis nach Sowjetskaja Gawan die **Baikal-Amur-Magistrale.** Die BAM sollte der Erschließung der nahezu unbesiedelten, aber rohstoffreichen Gebiete Ostsibiriens dienen. Stichbahnen führen sowohl von der Transsib als auch von der BAM nach Norden in regionale Wirtschaftszentren.
Die einzige Bahnstrecke, die von der Transsib nach Norden bis zum Nördlichen Polarkreis verläuft, verbindet im Westsibirischen Tiefland Tjumen mit Urengoj.

Große Teile Sibiriens sind verkehrsmäßig nicht erschlossen. Fernstraßen und Eisenbahnverbindungen bestehen vorwiegend im bereits erschlossenen Süden. Nach dem Zerfall der Sowjetunion 1991 ging auch die Bedeutung der Transsib stark zurück.
Die ursprüngliche Konzeption, einen Großteil des Containerverkehrs von Ostasien nach Europa über die Transsib zu bewältigen, wurde nicht verwirklicht.

Die Erwartungen an die BAM haben sich ebenfalls nicht erfüllt. Bedingt durch die Abwanderung aus Ostsibirien werden dringend erforderliche Investitionen in die Infrastruktur nicht mehr vorgenommen, seit der Staat sich 1996 aus der Finanzierung des BAM-Vorhabens zurückzog.
Trotzdem bleibt Sibirien auf den Eisenbahntransport angewiesen, da der Bau und Unterhalt befestigter Straßen kostspielig und der Transport von Massengütern auf der Straße unrentabel ist. Aber nur im Bau befindliche Strecken wie die von Tommot nach Jakutsk werden noch abgeschlossen.

Eine Weiterführung nach Magadan als sog. Flügel der zweiten Nordmagistrale ist gegenwärtig unrealistisch, ebenso wie die westliche Verlängerung der BAM von Ust-Ilimsk aus. Auch die Planungen für die Nordspange, die Workuta mit Norilsk verbinden sollte, wurden nicht weiter verfolgt.

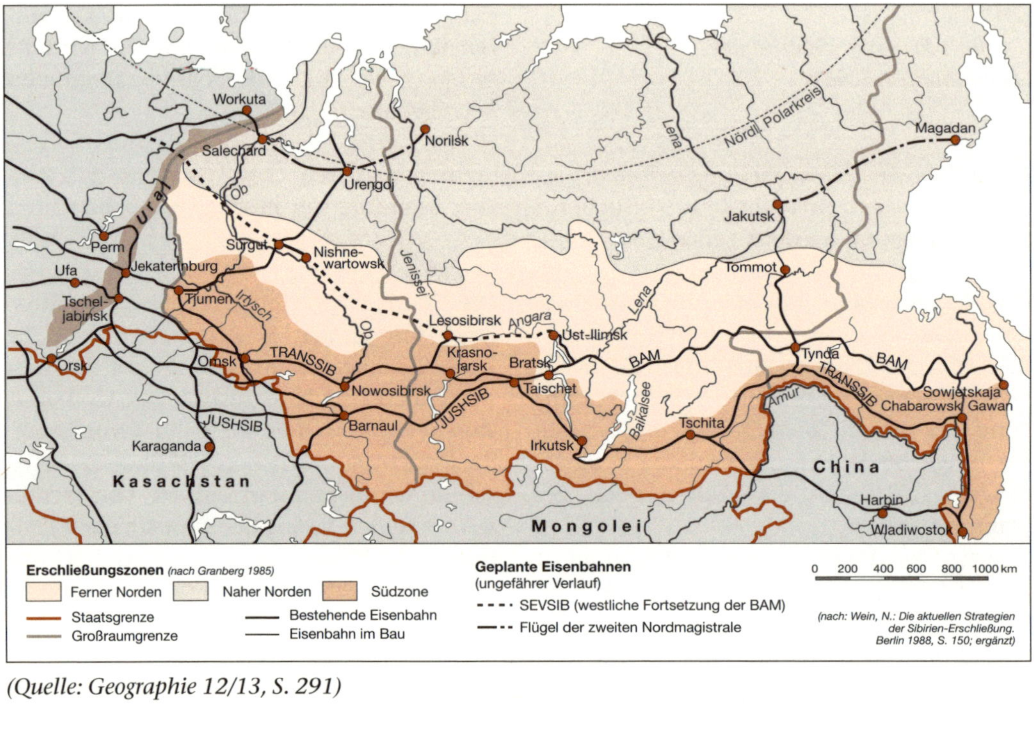

(Quelle: Geographie 12/13, S. 291)

2.2 Umgang mit dem Atlas – mehr als nur eine Seite aufschlagen

Der Atlas – wie findet man die richtigen Karten?

Praktisch zu jeder Klausur oder mündlichen Prüfung ist ein Schulatlas als „Hilfsmittel“ zugelassen. Ein Atlas ist aber mehr als ein Hilfsmittel, auf das man getrost verzichten kann, weil die Arbeit damit nicht geübt und die Kartenerschließung als lästig angesehen wurde. Die Vielfalt der Karten ermöglicht den Zugang zu Themen und Inhalten, wenn andere Quellen dafür nicht ausreichen.
Ein Atlas dient der topographischen Orientierung und versteht sich als Informations- und Erkenntnisquelle für geographische Themen und Inhalte. Ist eine Aufgabe mit Atlasarbeit kombiniert, können Sie gezielter Kartenerschließung ohnehin nicht ausweichen. Auch ohne Hinweis auf Karten lohnt sich die Einbindung von Ergebnissen aus Atlasarbeit. Denken Sie immer daran, dass Ihr Korrektor bzw. Ihre Korrektorin im Studium auch Kartographie belegen musste. Gute Atlasarbeit bringt also Punkte.

Jeder Atlas enthält physische und thematische Karten. **Physische Karten** (nicht physikalische!) zeigen das Relief (die Geländeform bzw. die Landhöhen), Gewässer, Siedlungen, Verkehrswege und Grenzen sowie topographische Einzelobjekte wie Flughäfen, Pässe und Kirchen. Sie dienen vorrangig der räumlichen Orientierung.
Auf die Farbgebung sollten Sie besonders achten. Grün bedeutet nicht „fruchtbar“, sondern gibt lediglich die unterste Landhöhe über (bei einer Depression unter) dem Meeresspiegel an. **Thematische Karten** zeigen Objekte und Sachverhalte, die über topographische Inhalte hinausgehen. Sie umfassen physisch-geographische Inhalte wie Böden, Klima oder Vegetation sowie sozioökonomische Inhalte wie Bevölkerung, Siedlung, Verkehr usw. Daneben gibt es sog. **geographische Grundkarten** als Kombination von physischen und thematischen Karten.

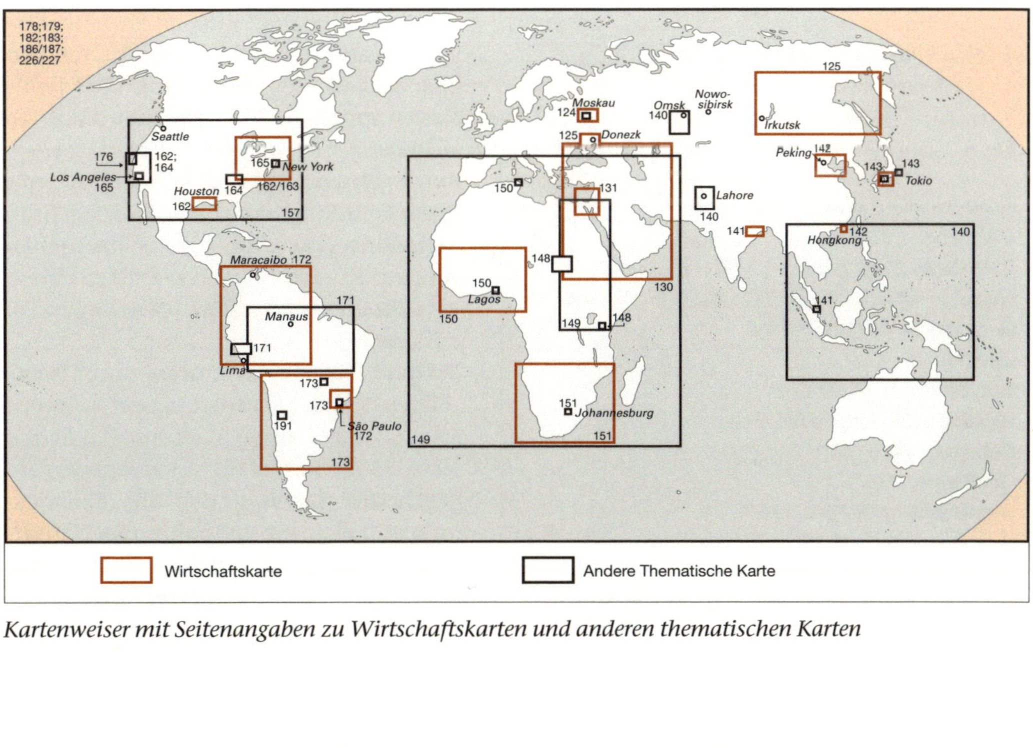

Kartenweiser mit Seitenangaben zu Wirtschaftskarten und anderen thematischen Karten

Umgang mit dem Atlas – mehr als nur eine Seite aufschlagen

A

Aachen 40/41 AB 2
Aalen 40/41 EF 5
Aalst 96 CD 4
Aarau 88/89 EF 4
Aarburg 40/41 CD 5
Aare 88/89 EF 3
Aba 150.1 E 3/4
Abadan 130 E 4/5
Abagbo, Lagos- 150.3
Abakan 118/119 L4
Abaschiri 136 K2
Abbeville (Frankreich) 98
Abbeville (USA, Texas) 162/163.2 BC 2/3
Abdulino 122/123 K3
Abdulpur 141.1 EF 1
Abéché 144/145 FG 5
Abenguru 150.1 C3
Åbenrå 36/37 E1
Abensberg 40/41 GH4
Abeokuta 150.1 D3
Ägäisches Meer 102/103 LM 6/7
Ägina 102/103 K7
Ägypten 144/145 GH4
Äquatorialer Gegenstrom 178 NO 6
Äquatorialguinea 144/145 E6
Äquatorialstrom 178 D 5/6
Æro 36/37 F2
Aerzen 38/39 F2
Äthiopien 144/145 HJ6
Äthiopischer Schild 177.5 GH3
Ätna 102/103 F7

Ausschnitt aus dem Namenregister mit Seitenangaben und Gradnetzfeldern (A, B, 1, 2 usw.)

Landwirtschaft	Bergbau und Steingewinnung
Zuckerrüben	*Steinkohle*
Gemüse	*Braunkohle*
Hopfen	*Erdöl*
Tabak	*Erdgas*
Flachs, Lein	Fe *Eisenerz*

Ausschnitt aus einer Generallegende

G

Gebirgsklima 178, 179
Gelbfieber 188/189 ⑧
Gemäßigte Zone 82/83 ②, 178/179, 180/181 ①
Geologie 54/55 ① ⑤, 78/79 ①, 86, 176/177, 194
Geologische Zeittafel 194
Geothermie 49 ③
Gewässergüte 70/71 ① ②
Glossopteris-Flora 176/177 ③
Golfstrom 80/81 ⑥, 178
Gondwana 176/177 ⑥
Grabenbruch 78/79 ③, 176/177 ③
Grünlandwirtschaft 47

Ausschnitt aus einem Sachwortregister mit Seitenangaben für die Karten

Zeit ist kostbar, das gilt auch für die Atlasarbeit. Zeitraubendes Herumblättern auf der Suche nach der richtigen Karte können Sie vermeiden, wenn Ihnen der Aufbau des Atlas gegenwärtig ist. Dass Sie ein **Inhaltsverzeichnis** richtig lesen können, wird an dieser Stelle vorausgesetzt.

Jeder Atlas hat auf den ersten Seiten zusätzlich zum Inhaltsverzeichnis einen **Kartenweiser** bzw. eine **Kartenübersicht**, mit der Sie schnell die Seitenzahlen der geeigneten physischen und thematischen Karten ermitteln.
Suchen Sie den Namen eines Ortes, eines Berges, eines Gewässers oder einen Landschaftsnamen, schlagen Sie im **Namenregister** auf den hinteren Seiten nach.
Eine Zeitersparnis bedeutet es, wenn Sie die Seitenzahl mit der **Generallegende** auf Anhieb nachschlagen können.
Sehr hilfreich sind auch **statistische Angaben** über Kontinente und Staaten der Erde mit den jeweiligen Hinweisen auf die Seiten im Atlas.

Häufig wollen oder müssen Sie eine physische Karte mit einer thematischen vergleichen. Achten Sie darauf, dass beide Karten möglichst den gleichen Maßstab aufweisen.
Ein **Sachwortregister** kennen Sie aus Ihren Schulbüchern. Sie sollten auch im Sachwortregister Ihres Atlas nachschlagen, um einen schnellen Zugriff zu einem von Ihnen zu bearbeitenden Thema zu erhalten.
Beispiel: Sie suchen Karten zum Thema „Häfen“. Das Sachwortregister verweist Sie im Atlas Unsere Welt auf die Seiten 52 ①, 53 ② ③ und 112/113 ②. Auf den angegebenen Seiten finden Sie „Entwicklung und Planung im Hamburger Hafen“, „Stadt- und Hafenentwicklung von Rostock“ und „Entwicklung von Rotterdam – Europoort“.

2.3 Kartenarbeit – absolut notwendig

Eine Karte – Sie wussten es schon – ist eine verebnete, maßstäblich verkleinerte und generalisierte Darstellung von natürlichen und/oder sozialen Erscheinungen auf der Erde oder anderen Weltkörpern. Sie begegnet Ihnen im Atlas, als Einzelkarte und im Schulbuch. Die Karte wird in Klausuren und Prüfungsaufgaben selten allein zur Interpretation gestellt, sie dient vielmehr der Erschließung von Sachverhalten in Verbindung mit anderen Arbeitsmitteln wie Texten, Graphiken usw.

Für das **Kartenlesen** benötigen Sie Techniken zur Entschlüsselung der generalisierten Objektdarstellungen. Sie erfassen die primären Informationen, d. h. die Lokalisierung, Ausdehnung und Verbreitung von Objekten und Objektgruppen nach Art, Häufigkeit, Größenordnung und Intensität. Sie setzen dabei das zweidimensionale Kartenbild in eine dreidimensionale Wirklichkeit um. Voraussetzung ist die Kenntnis der durch Kartenzeichen repräsentierten Begriffe.

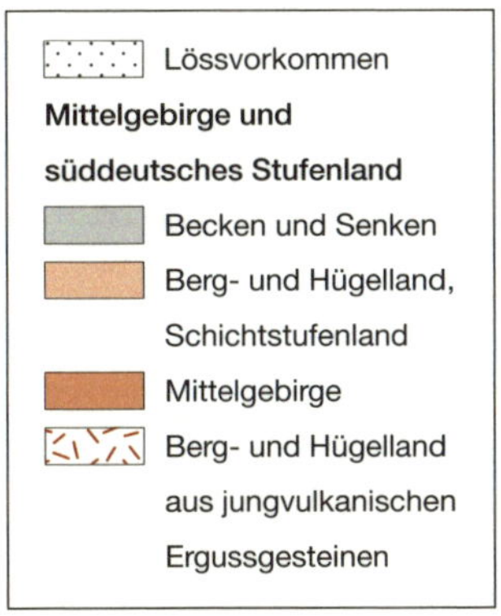

Flächensignaturen

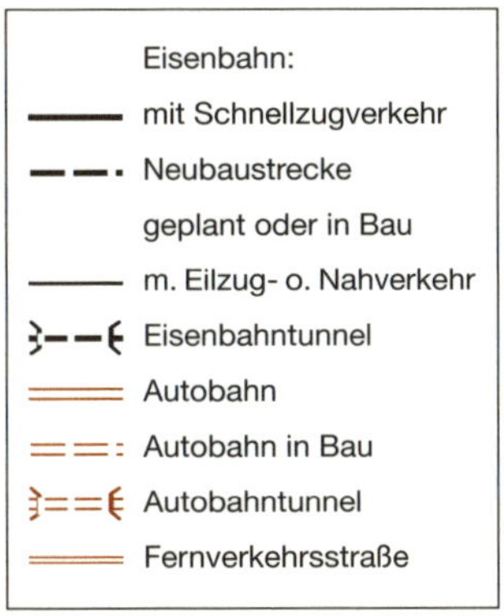

Liniensignaturen

Bildhafte geometrische und naturalistische Signaturen

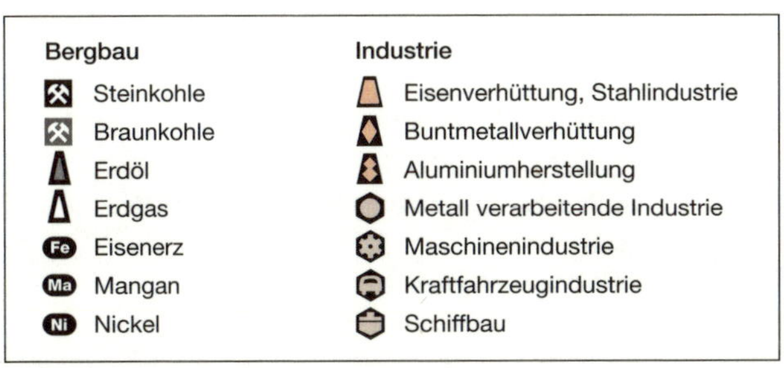

Stilisierte Bildsignaturen

Flächensignaturen heben einzelne Flächen durch Kontrastierung hervor (Beispiel: politische Karten). Häufig werden Farben assoziativ verwendet, z. B. Blau für Wasser, Rot für Siedlungen. Ergänzend können Punkt- oder Linienraster hinzukommen.

Liniensignaturen werden u. a. zur Darstellung von Grenzen, Wasserläufen und Verkehrswegen eingesetzt. Unterformen sind Banddarstellungen oder Isolinien, die Punkte gleicher Eigenschaft miteinander verbinden (z. B. Isothermen = Linien gleicher Temperatur). Als Sonderform gelten Pfeile, die Bewegungsrichtung und Intensität ausdrücken.

Geometrische **Bildsignaturen** umfassen alle Variationen von Kreisen, Quadraten, Rechtecken usw. Naturalistische Signaturen ermöglichen einen schnellen Zugriff auf den Karteninhalt, ohne permanenten Zugriff auf die Erläuterung in der Legende. Stilisierte Signaturen sind eine Art von Piktogrammen, erlauben aber nur eingeschränkte quantitative Aussagen.

Kartenarbeit – absolut notwendig

Bei einer **Karteninterpretation** erfassen Sie die kartographischen Informationen. Sie beschreiben und erklären den Formenschatz, seine Verbreitung und Entwicklung, indem Sie den räumlichen und zeitlichen Aspekt berücksichtigen. Sie erkennen die funktionalen Verflechtungen und bewerten abschließend die Kartenaussage.

Wenn Sie die folgende Anleitung umsetzen, können Sie einer Bewertung mit „Gut“ oder „Sehr gut“ sicher sein.
Grundsätzlich gilt, dass Sie bei der Auswertung aller Materialien eine bestimmte Abfolge von Arbeitsschritten einhalten. Sie entsprechen den Ihnen mittlerweile schon bekannten Lernzielebenen.

Arbeitsschritt 1: EINLESEN IN DIE KARTE
Ziel: Sie nehmen eine sachliche, räumliche und zeitliche Orientierung vor.
a) Thema – Worüber sagt die Karte etwas aus? Worum geht es (Kartenüberschrift)?
b) Raum und Zeit
Welcher Raum ist dargestellt? Welcher Zeitpunkt bzw. welche Zeitspanne wird erfasst?
c) Legende
Was ist dargestellt? Inhalt der Darstellung, Art der Informationen (Erläuterungen), Wert und Menge der Informationen (Zahlenangaben)
Wie ist es dargestellt? Form der Darstellung, Art der Signaturen, Diagramme
d) Maßstab – Welchen Maßstab hat die Karte? Ist eine Messleiste vorhanden?

Arbeitsschritt 2: BESCHREIBEN DER KARTENINHALTE
Ziel: Sie erfassen und ordnen die Informationen.
a) Lage: Wo liegt der Raum?
➢ Sie stellen die Lage im Gradnetz, die Ausdehnung nach Himmelsrichtungen und die Entfernungen fest.
b) Räumliche Verteilung (Auffälligkeiten)
Welche regelhaften Anordnungen und auffälligen Verteilungen sind erkennbar?
➢ Sie erfassen Raumstrukturen und Prozesse, indem Sie die Häufigkeit, Dichte und Ausdehnung der Signaturen ermitteln. Sie nehmen Messungen, Auszählungen und Berechnungen vor und berechnen Flächen und Anteile.
c) Räumliche Entwicklung (zeitlicher Aspekt). Welche Entwicklungen lassen sich aufzeigen?
➢ Sie beschreiben den Raumwandel oder vergleichen verschiedene Karten mit dem gleichen Raumausschnitt.

Arbeitsschritt 3: ERKLÄREN DER KARTENINHALTE
Ziel: Sie nehmen eine kausale Verknüpfung der Informationen vor.
a) Erklärungsansätze aus der Karte
Welche Anhaltspunkte für eine Erklärung gibt die Karte selbst?
➢ Sie stellen z. B. Beziehungen zwischen verschiedenen Inhalten der Karte her.
b) Eigene Kenntnisse
➢ Sie ziehen physisch-geographische, wirtschaftliche, soziale und/oder politische Faktoren zur Erklärung heran.
c) Ergänzende Informationen. Welche Zusatzinformationen sind nötig?
➢ Sie entnehmen anderen Karten, dem Schulbuch, Lexika oder Fachliteratur weitere Informationen.

Arbeitsschritt 4: BEWERTEN DER KARTE

Ziel: Sie beurteilen die Informationen und nehmen eine Kartenkritik vor.

a) Form

- *Sie formulieren eine Aussage zur Kartendarstellung, zur Auswahl der Signaturen, zur Abstufung und zur Übersichtlichkeit.*

b) Inhalt

- *Sie überprüfen Karteninhalt und Kartenüberschrift auf Übereinstimmung. Sie treffen eine Feststellung, ob die Begriffe eindeutig gewählt sind. Sie äußern sich zu der Frage, inwieweit die räumliche und zeitliche Abgrenzung der Karte mit der von ihr beabsichtigten Aussage übereinstimmt.*

c) Aussage

- *Sie bewerten den Karteninhalt, indem Sie den Raum und seine mögliche Entwicklung in einer Synopse erfassen.*

Beispiel: Deutschland: Erwerbsstruktur und Bruttoinlandsprodukt

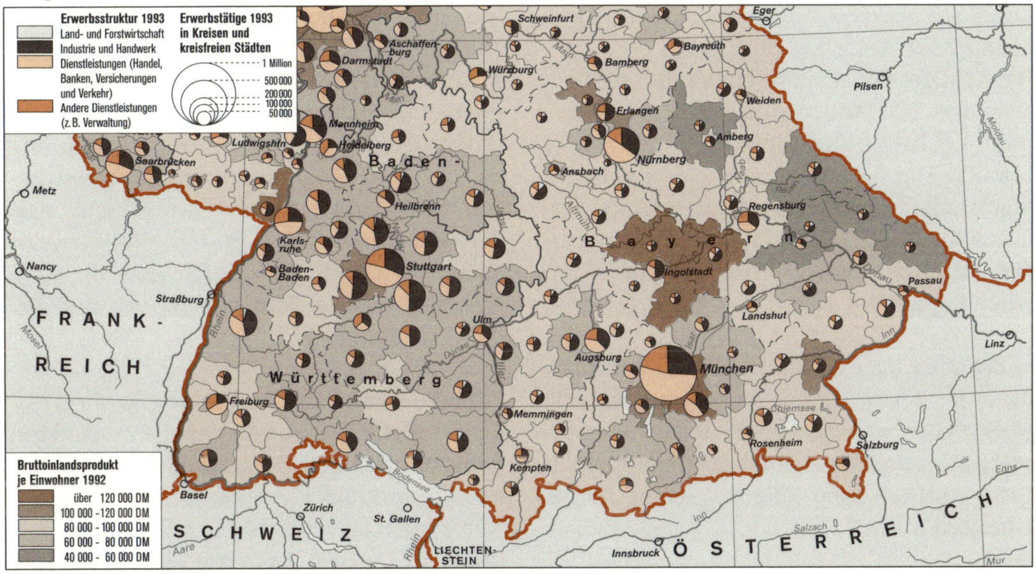

(Quelle: Unsere Welt, Große Ausgabe, S. 63, Ausschnitt)

Lösung:

1. Einlesen. Die Kartenüberschrift weist auf zwei Karteninhalte hin. Der Kartenausschnitt umfasst den mittleren und südlichen Teil von Baden-Württemberg und Bayern. Für beide Karteninhalte ist jeweils eine Legende vorhanden.

Das Bruttoinlandsprodukt ist durch Flächensignaturen gekennzeichnet. Die Darstellung der Erwerbsstruktur erfolgt durch Kreisdiagramme mit verschiedenen Sektoren, die mit Flächensignaturen charakterisiert werden. Die Unterteilung in Kreissektoren ermöglicht eine Einschätzung der prozentualen Anteile einzelner Erwerbsbereiche, erlaubt aber nicht das Ablesen der absoluten Zahlenwerte. Die Zahl der Erwerbstätigen in Kreisen und kreisfreien Städten ist durch Kreise verschiedener Größe angegeben.

2. Beschreiben. Die Karte zeigt am Beispiel von Baden-Württemberg und Bayern die Erwerbsstruktur, die in vier Sektoren unterteilt ist. Der primäre Sektor (Land- und Forstwirtschaft) sowie der sekundäre Sektor (Industrie und Handwerk) sind einzeln aufgeführt, während der tertiäre Sektor zwei Untergliederungen aufweist (Handel, Banken, Versicherungen, Verkehr) und andere Dienstleistungen (z. B. Verwaltung).
Der primäre Sektor ist bis auf den ländlichen Raum in Bayern prozentual unterrepräsentiert. Auffällig ist der prozentual hohe Anteil des sekundären Sektors in Baden-Württemberg und Bayern mit z. T. über 50 %. Der Dienstleistungssektor nimmt den größten Anteil ein und erreicht in den großen Agglomerationen Werte von über 75 %.
Die Zahl der Erwerbstätigen beträgt in München über 500 000, in Stuttgart rd. 350 000.
Das höchste Bruttoinlandsprodukt mit 120 000 DM je Einwohner wird im Raum Ingolstadt–Regensburg erreicht, das niedrigste mit 30 000 bis 40 000 DM je Einwohner an der ostbayerischen Grenze zur Tschechischen Republik.

3. Erklären. Der hohe Anteil der Erwerbstätigen im sekundären Sektor weist auf die große Bedeutung des verarbeitenden Gewerbes hin, ohne dass eine Aufteilung nach Groß-, Mittel- und Kleinbetrieben vorgenommen wird.

Anmerkung: Ergänzend kann die Wirtschaftskarte (Unsere Welt, Große Ausgabe, S. 35) herangezogen werden, in der die Industrieräume dargestellt sind.

Der prozentual hohe Anteil bei den Dienstleistungen zeigt bereits einen Strukturwandel, der zugunsten des tertiären Sektors ausfällt. Für die Landeshauptstädte Stuttgart und München kommen noch die Verwaltungsfunktionen hinzu. Besonders auffällig ist der hohe Anteil des vierten Sektors in Freiburg (Universität) und Karlsruhe (Bundesverfassungsgericht).
Zwischen dem BIP je Einwohner und der Erwerbsstruktur besteht ein direkter Zusammenhang. Ein hohes Realeinkommen, das in der Region erzielt wird, verstärkt die Nachfrage nach Gütern mit höherem Verarbeitungsgrad und nach Dienstleistungen. Der Kartenausschnitt belegt den Übergang von der Industrie- zur Dienstleistungsgesellschaft.

4. Bewerten. Die Karte bleibt trotz der vielfältigen Informationen lesbar. Die Flächensignaturen lassen eine eindeutige Zuordnung zu. Der Kartentitel weist mit „Erwerbsstruktur" und „Bruttoinlandsprodukt" nur zwei der drei Aspekte aus. Als Einzelindikatoren geben sie jedoch Aufschlüsse über die wirtschaftliche Entwicklung in Bayern und Baden-Württemberg.

Trotzdem kann die Kartenaussage zu Missdeutungen führen, da die Arbeitslosenzahlen nicht erfasst werden. Nachteilig ist, dass die Kreisdiagramme nur summarische Größenwerte innerhalb territorialer Einheiten ausdrücken. Deshalb kann auf eine Verteilung dieser Erscheinungen innerhalb dieser Einheiten nicht geschlossen werden.

Empfehlung
Bei vielen Karten, insbesondere bei topographischen Karten, erleichtert eine selbst angefertigte Kartenskizze oder Faustskizze das schnelle Erfassen von räumlichen Verteilungen und Einzelaspekten. Einzelheiten werden stark vereinfacht dargestellt und prägen sich so besser ein. Dadurch geht auch die notwendige Beschreibung schneller vonstatten.

Der Kartenvergleich

Sie haben inzwischen Erfahrung, wie Sie eine einzelne Karte mithilfe der vier Arbeitsschritte auswerten. Es gibt aber auch Fälle, wo Sie aufgefordert werden, zwei Karten miteinander in Beziehung zu setzen, sei es eine physische Karte und eine Wirtschaftskarte, eine Klimakarte und eine Vegetationskarte oder zwei thematische Karten, die eine zeitliche Abfolge beinhalten.

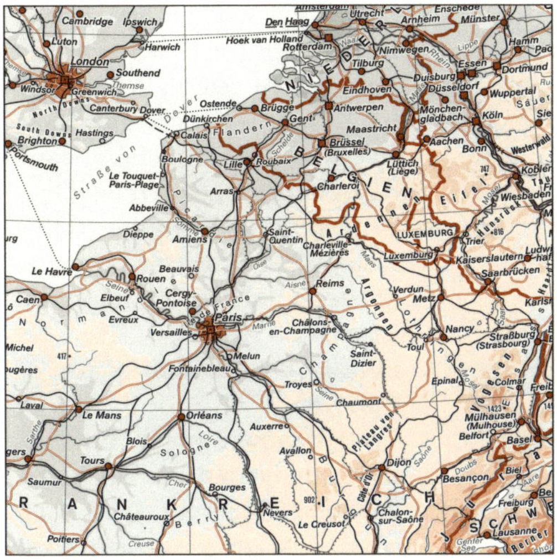

Frankreich: physische Karte (Ausschnitt)
(Unsere Welt, Große Ausgabe, S. 98)

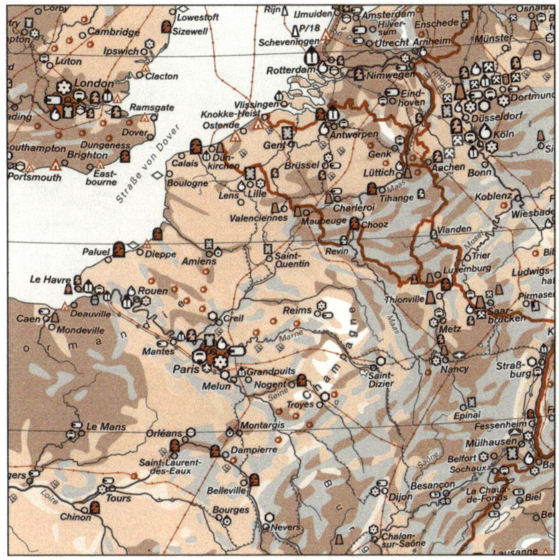

Frankreich: Wirtschaftskarte (Ausschnitt)
(Unsere Welt, Große Ausgabe, S. 98)

Bei der Vorgehensweise bieten sich zwei Verfahren an, das gegenüberstellende und das parallele Vergleichen.

Bei beiden Verfahren legen Sie vorher fest, was Sie vergleichen möchten und begründen Ihre Vorgehensweise.

Arbeitsschritte beim gegenüberstellenden Vergleichen

1. ➢ *Sie werten Karte 1 nach den Ihnen bekannten Kriterien aus.*
2. ➢ *Sie bearbeiten Karte 2 und stellen die wesentlichen Gemeinsamkeiten und Unterschiede zu Karte 1 heraus.*
3. ➢ *Sie bewerten abschließend die Aussagen und ziehen Schlussfolgerungen.*

Arbeitsschritte beim parallelen Vergleichen

Im Prinzip sollten Karte 1 und Karte 2 direkt gegenübergestellt und miteinander verglichen werden. Da die Karten aber meist recht komplexe Inhalte enthalten, ist es einfacher, sich zunächst auf einzelne Aspekte zu beschränken.

1. ➢ *Sie betrachten einzelne Aspekte oder Teilräume.*
2. ➢ *Sie stellen gleiche, ähnliche oder unterschiedliche Strukturen fest und stellen kausale Zusammenhänge her.*
3. ➢ *Sie bewerten abschließend wie beim gegenüberstellenden Verfahren die Aussagen und ziehen Schlussfolgerungen.*

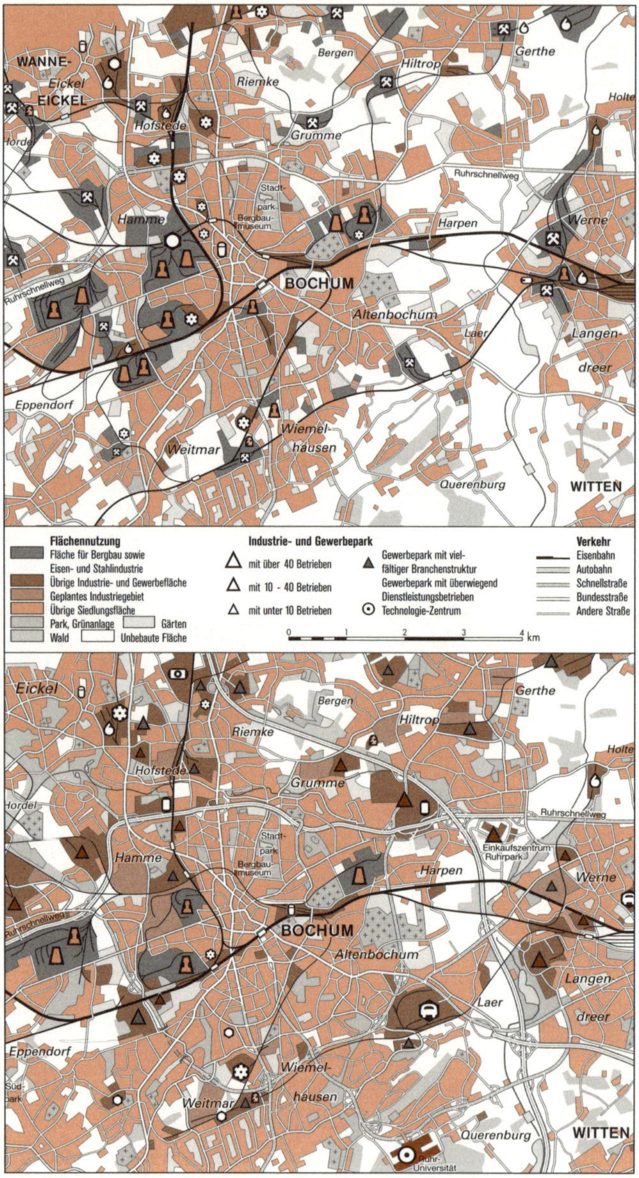

Verkleinerte Karte aus Unsere Welt, Große Ausgabe, S. 55

Beispiel:
Strukturwandel in Bochum

Lösung:
Einzelaspekt Siedlungsfläche
1960 ist der westliche Teil des 10,8 x 9,6 km^2 großen Kartenausschnitts durch dichte Besiedlung gekennzeichnet. Nach Osten erstrecken sich unbebaute Flächen, die weitgehend landwirtschaftlich genutzt werden.
1997 sind die Siedlungsflächen zusammengewachsen, die Agrarfläche ist stark geschrumpft.

Einzelaspekt Standorte der Gewerbe
1960 nehmen in Bochum die Industrieflächen rd. ein Viertel des Stadtgebiets ein. Der Kartenausschnitt zeigt 14 fördernde Schachtanlagen, 4 Standorte für die Eisenverhüttung und Stahlherstellung sowie 8 Gießereien bzw. Walzwerke. Außerdem sind 2 Metall verarbeitende Betriebe und 10 Standorte des Maschinenbaus vertreten.
1997 ist keine Kohlezeche mehr vorhanden. Von den Eisenhüttenwerken existiert nur noch eins. Die Zahl der Gießereien und Walzwerke hat sich auf vier halbiert. Maschinenbau wird nur noch an einem Standort betrieben. Zugenommen hat die Zahl kleinerer Metall verarbeitender Betriebe im Süden.
Die alten Gewerbestandorte sind erhalten geblieben und wurden durch neue ergänzt. Auf einem alten Zechengelände bei Laer wurde das Opel-Werk gegründet.
Neu eingerichtet wurden 12 Gewerbeparks mit vielfältiger Branchenstruktur, davon einer mit mehr als 40 Betrieben, und 11 Gewerbeparks mit überwiegend Dienstleistungsbetrieben, davon vier mit mehr als 40 Betrieben. Östlich des Autobahnkreuzes Ruhrschnellweg/A43 entstand stand das Einkaufszentrum Ruhrpark. Im südlichen Kartenausschnitt ist die Ruhruniversität eingetragen, auf deren Gelände ein Technologiezentrum gegründet wurde.

Einzelaspekt Verkehr

1960 durchzieht der Ruhrschnellweg als einzige überregionale Straßenverbindung den Raum von West nach Ost. Von Nord nach Süd verläuft eine Bundesstraße, die südlich vom Stadtkern Bochums in eine Schnellstraße übergeht. Östlich zweigt eine Bundesstraße Richtung Witten ab. Das Schienennetz ist stark gegliedert mit einem hohen Anteil von Industriegleisanlagen.

1997 verläuft eine Autobahn östlich von Bochum. Auch der Ruhrschnellweg ist zu einer Autobahn ausgebaut worden. Das Schienennetz wurde ausgedünnt. Die nordöstlichen Industriegebiete sind nicht mehr mit der Bahn an Bochum angebunden.

Bewerten: Gründe für den Strukturwandel und Auswirkungen

Bochum hatte sich zu einem Zentrum des Steinkohlebergbaus entwickelt, da die Schichten mit Fettkohle und im Wittener Gebiet mit Esskohle nur von einem gering mächtigen Deckgebirge überlagert wurden. Die Eisen- und Stahlindustrie gliederte sich wegen des kostengünstigeren Antransports des Erzes an. Mit der Nordverlagerung des Steinkohlebergbaus müsste die Steinkohle zu den Hüttenwerken gebracht werden. Die aus Kostengründen unrentable Situation führte zur Schließung der Stahlwerke, zumal an anderen Standorten weltweit billiger produziert werden kann.

(*Hinweis:* Informationen über den Steinkohlebergbau im Ruhrgebiet können der Karte „Geologisches Profil durch das Ruhrgebiet“, Unsere Welt, Große Ausgabe, S. 55, entnommen werden. Die Karte „Export von Bergbaugütern“, Unsere Welt, Große Ausgabe, S. 184, zeigt die Exportländer für Koks und Kohle sowie für Eisenerz.)

Der Wegfall von Arbeitsplätzen in der Montanindustrie sollte möglichst schnell durch neue Arbeitsplätze kompensiert werden. Anfang der 1960er-Jahre entstanden das Opel-Werk und die Ruhr-Universität, 1964 folgte das damals größte deutsche und nach amerikanischem Vorbild angelegte Shopping-Center Ruhrpark. Dennoch konnte die ursprüngliche Ausrichtung auf Großbetriebe nicht aufgebrochen werden. Das änderte sich erst mit der Ansiedlung von Klein- und Mittelbetrieben auf den Flächen früherer Kohlenzechen und Stahlwerke. Während früher die Schwerindustrie das Bild bestimmte, hat sich heute die Branchenstruktur in Richtung Dienstleistungen verlagert.

Empfehlung

Nach dem Einlesen der Karten und den Zielvorstellungen, welche Aspekte verglichen werden sollen, bietet sich die Aufstellung eines Rasters an. Es strukturiert die Karteninhalte und dient bei der mündlichen oder schriftlichen Ausführung als Vorlage.

	Bochum 1960	*Bochum 1997*
Siedlungsfläche		
Gewerbestandorte *– Raumbedarf* *– Branchen* *– Wirtschaftssektoren*		
Verkehr *– Straßen* *– Schiene*		
Zukunftsperspektiven		

2.4 Textinterpretation – nicht nur für die Deutschklausur

Texte gehören neben Karten, statistischen Daten und anderen Medien zu den wesentlichen Arbeitsmitteln in der Erdkunde. Textarbeit, also selbstständiges Erarbeiten von Texten und kritisches Textverständnis, sind eigentlich fächerübergreifende Arbeitstechniken. In Prüfungsaufgaben treten Textmaterialien häufig auf und verlangen eine eingehende Interpretation. In Klausuren und dem mündlichen Abitur offenbaren sich jedoch oft Defizite und sogar elementare Fehler, die vom Nichterkennen der wichtigsten Textaussagen und von mangelnder Strukturierung bis zu unbegründeten Urteilen führen. Sie auf Ihrem Weg zum Abi-Profi werden hingegen bei Erläuterungen und Begründungszusammenhängen angemessene sprachliche Darstellungsformen wählen und das Instrumentarium zur Texterschließung auch entsprechend anwenden.

Welche **Textarten** werden Ihnen vorgelegt?
In der Regel wird es sich um Sachtexte und weniger um erlebnisbetonte Texte handeln. Sachtexte stammen aus einer fachwissenschaftlichen Zeitschrift, einem Sachbuch, einem Schulbuch, der Zeitung, einem Nachschlagewerk. Sie können im Gegensatz zu literarischen Texten gekürzt sein. Die Kürzungen müssen aber kenntlich gemacht sein. Da wegen der Aktualität oft Zeitungsausschnitte eingesetzt werden, sollten Sie zwischen „Meldung“ und „Kommentar“ genau unterscheiden. Stellen Sie sich darauf ein, dass bei schriftlichen Abiturprüfungen das Textmaterial bis zu 600 Wörter umfassen kann.

Welche **Formen der Texterschließung** werden von Ihnen erwartet?
Die Texterschließung umfasst die untersuchende, erörternde und auch gestaltende Bearbeitung. Bei der Untersuchung stehen das differenzierte Erfassen und geordnete Darstellen von textimmanenten Elementen und Strukturen, textexternen Bezügen und die Textintention im Vordergrund. Die Reflexion auf eigene Verstehensprozesse ist darin eingeschlossen. Die Erörterung verlangt von Ihnen das Erfassen und Darstellen der grundsätzlichen Problemkonstellationen im Text, das Aufdecken der Begriffs- und Argumentationszusammenhänge sowie eine Diskussion kontroverser Problemlösungsmöglichkeiten. Das eigene begründete Urteil bildet den Abschluss. Die gestaltende Erschließung fordert Sie nach der Untersuchung der inhaltlichen Aussagen und der Argumentationsweisen zu einer produktiven Antwort heraus.

Arbeitsschritt 1: LESEN DES TEXTES
Ziel: Sie lesen kursorisch den Text und erschließen ihn.

a) *Was erfahren Sie über den Text?*
   - *Sie suchen und nennen formale Angaben (Textsorte, Verfasser, Erscheinungsjahr, Erscheinungsort).*
b) *Über welche Sachverhalte müssen Sie sich noch genauer informieren?*
   - *Sie klären Begriffe und Sachverhalte, wenn möglich aus dem Kontext oder mithilfe von Nachschlagewerken und/oder dem Atlas.*
c) *Was halten Sie für wichtig?*
   - *Sie unterstreichen oder markieren Schlüsselwörter, aber nicht ganze Passagen. Das behindert die Lesbarkeit und die Unterscheidung von Unwichtigem und Wichtigem. Einzelne Abschnitte können Sie durch Einrahmen hervorheben.*

Arbeitsschritt 2: WIEDERGEBEN DES TEXTES
Ziel: Sie erfassen den Text und bringen ihn sprachlich in eine andere Form.
a) Was steht im Text?
- *Sie paraphrasieren, das heißt, Sie geben den Inhalt mit eigenen Worten wieder (meist in gekürzter Form).*

b) Welches sind die wichtigsten Aussagen?
- *Sie stellen die Kernaussagen heraus und zitieren wichtige Aussagen.*

Arbeitsschritt 3: UNTERSUCHEN DES TEXTES
Ziel: Sie analysieren den formalen und gedanklichen Aufbau.
a) Wie ist der Text nach dem Gedankenaufbau bzw. der Gedankenführung gegliedert?
- *Sie nummerieren z. B. die Sinnabschnitte, setzen Schrägstriche und finden Überschriften.*

b) Welche Schwerpunkte hat der Verfasser gesetzt?
- *Sie suchen die Schlüsselwörter und Kernaussagen heraus.*

c) Welche Beziehungen bestehen zwischen den Schwerpunkten?
- *Sie strukturieren den Text.*

Arbeitsschritt 4: ERLÄUTERN DES TEXTES
Ziel: Sie stellen den Sachverhalz mithilfe Ihrer Vorkenntnisse verständlich dar.
a) In welchem größeren Zusammenhang steht der Text?
- *Sie decken den sachlichen, räumlichen, zeitlichen, ideologischen, weltanschaulichen und politischen Hintergrund auf.*

b) Welche Sachaussagen und Wertungen enthält der Text?
- *Sie unterscheiden zwischen Information, Belehrung, Agitation u. Ä.*

Arbeitsschritt 5: BEWERTEN DES TEXTES
Ziel: Sie beurteilen den Inhalt und den Gedankengang des Textes.
a) Sind sachliche Richtigkeit und Vollständigkeit gegeben?
- *Sie überprüfen den Text anhand Ihres Vorwissens und anderer Informationsquellen und erkennen dabei möglicherweise Lücken.*

b) Inwieweit ist der Gedankengang schlüssig und logisch?
- *Sie erkennen Widersprüche und Logikbrüche sowie sprachliche und inhaltliche Manipulationen.*

c) Wie stehen Sie zu den Aussagen im Text?
- *Sie geben eine begründete eigene Stellungnahme ab.*

Empfehlung
Achten Sie bei der schriftlichen Interpretation nicht nur auf die sachliche Richtigkeit Ihrer Aussagen. Bei der Notengebung fließen Sprachrichtigkeit, Sprachangemessenheit und die Sicherheit im Umgang mit der Fachsprache in die Bewertung ein. Verwenden Sie also Fachtermini, notfalls mit Erläuterungen, die Ihre Kompetenz belegen. Fehler in der Sprachrichtigkeit kosten unnötig Punkte.

Beispiel: USA – Räumliche Verlagerungen und Konzentrationsprozesse in der Rinderviehmast. Erläutern Sie den Weg zur intensiven Rindermast in Feedlots.

Nach dem Zweiten Weltkrieg, insbesondere Mitte der fünfziger Jahre, kam es zu einem einschneidenden Wandel in den Organisationsformen und den regionalen Schwerpunkten der Rindfleischerzeugung in den USA. Ausgelöst wurde dieser Prozess durch einen schnellen Anstieg des Pro-Kopf-Verbrauchs. Bei gleichzeitig anhaltendem Bevölkerungswachstum war der Nachfrage in den traditionellen Produktionsformen auf den Farmen im Mittelwesten nicht zu begegnen. Innerhalb von nur etwa zwanzig Jahren entstand in den Staaten Kansas, Nebraska, Oklahoma und Texas ein neues Zentrum der Mastrinderhaltung. Durch ein Zusammenwirken mehrerer Faktoren wurde dieser regionale Konzentrationsprozess möglich.

Zwar war schon lange vor dem Zweiten Weltkrieg bekannt, dass im Ogallala Aquifer große Mengen qualitativ hochwertigen Wassers gespeichert waren, doch bestand wegen fehlender Pumpen und zu hoher Energiekosten keine Möglichkeit, dieses Wasser für Bewässerungszwecke verfügbar zu machen. Als leistungsfähige Pumpen bereitstanden, die in der Lage waren, Wasser aus großen Tiefen zu fördern, und außerdem durch Erschließung der Erdgasvorkommen eine billige Energiequelle zur Verfügung stand, begann eine schnelle Ausweitung des Bewässerungsfeldbaus. Neben Mais war es die Hirse (Sorghum vulgare), die zur wichtigsten Futterbasis für die Feedlots wurde. Zwischen 1940 und 1960 erhöhte sich die Anbaufläche für Sorghum in den USA von 2,6 auf 6,4 Mio. ha; Texas, Kansas, Nebraska und Oklahoma stellten zu Beginn der siebziger Jahre bereits 77 % der Gesamterzeugung. Daneben waren jedoch noch andere Faktoren wirksam. Das günstige Klima der südlichen Plains, insbesondere die trockenen und nicht zu heißen Sommer sowie die vergleichsweise milden und schneearmen Winter, führten zu hervorragenden Mastergebnissen, weil kaum Erkrankungen bei den Tieren auftraten. Die geringe Bevölkerungsdichte erlaubte die Anlage großer Mastbetriebe, weil nicht von Protesten der Bevölkerung gegen diese Form der Haltung in Großbeständen auszugehen war. Feedlots mit Zehntausenden von Rindern wurden eingerichtet. Mit dem Eindringen der Computertechnologie, die das exakte Überwachen solcher Großbestände sehr viel einfacher gestaltete, der Bereitstellung von Futterzusätzen, Wachstumsförderern und Medikamenten, die eine schnelle Bekämpfung auftretender Krankheiten erlaubten, waren in den Großbeständen Betriebsergebnisse möglich, die von den Farmern im Mittelwesten nicht erreicht werden konnten. Die entstehenden Unternehmen wurden wie Industriebetriebe geführt. Neben der Broilermast im Südosten entwickelte sich die Mastrinderproduktion zu einem zweiten Zweig der Agrarwirtschaft, in dem agrarindustrielle Unternehmen dominierten.

Zu einer Vergrößerung der Mastbetriebe und einem tiefgreifenden Strukturwandel im Schlachtsektor führten auch eine Reihe staatlicher Regelungen. So wurden die Auflagen hinsichtlich der Lagerung und Verwertung tierischer Exkremente verschärft. Kleinere Farmer waren zunächst nicht bereit, zusätzliche Investitionen zu tätigen, und stiegen aus der Produktion aus. Der Wholesome Meat Act von 1967 verlangte eine staatliche Inspektion aller Schlachtstätten, um einen einheitlichen Standard in der Fleischqualität zu erreichen. Die damit verbundenen Kosten bewirkten ein schnelles Ausscheiden der kleinen Schlachtereien. In den Plainsstaaten bzw. im Übergangsbereich zum Corn Belt entstanden neue Schlachtbetriebe, die mit der Erzeugung von so genanntem boxed beef (in Kartons verpacktes Fleisch) den gesamten US-amerikanischen Markt versorgten.

(Quelle: W. Klohn/H.-W. Windhorst: Die Landwirtschaft der USA. Vechta 2000, S. 123)

Arbeitsschritt 1: ➢ Sie lesen den Text und ordnen die angesprochene Region mithilfe des Atlas räumlich ein (Mittelwesten, Kansas, Nebraska, Oklahoma, Texas, Plains, Corn Belt, Ogallala Aquifer).

Arbeitsschritt 2: ➢ Sie fassen den Text mit eigenen Worten zusammen.

In den USA hat sich seit dem Zweiten Weltkrieg ein tiefgreifender Wandel in der Fleischproduktion vollzogen. Die Erzeugung von Rindfleisch verlagerte sich vom Mittelwesten nach Süden in die Great-Plainsstaaten. In gering besiedelten Regionen entstanden Rindermastbetriebe mit jeweils Zehntausenden von Tieren. Voraussetzungen waren die Möglichkeit zum Futtermittelanbau auf Bewässerungsflächen, ein günstiges Klima und staatliche Regelungen. Die Feedlots werden wie industrielle Großbetriebe geführt.

Arbeitsschritt 3: ➢ Sie untersuchen den Text auf Gliederungselemente.

Der erste Abschnitt befasst sich mit den Gründen für die Veränderungen der Fleischproduktion in den USA. Die starke Nachfrage konnte in den traditionellen Erzeugergebieten mit ihren Familienfarmen nicht mehr befriedigt werden. In Kansas, Nebraska, Oklahoma und Texas entstand ein neues Zentrum für Mastrinderhaltung.

Im zweiten Abschnitt gehen die Verfasser auf den Bewässerungsfeldbau ein, der die Futterbasis liefert. Als weitere Faktoren werden das Klima, die geringe Bevölkerungsdichte und die Computertechnologie aufgeführt, die die Entstehung von agrarindustriellen Großbetrieben begünstigten.

Der dritte Abschnitt behandelt staatliche Regelungen, die den Strukturwandel zu Ungunsten der kleineren Schlachtbetriebe beschleunigten.

Arbeitsschritt 4: ➢ Sie erläutern den Text, indem Sie die Gründe für den Strukturwandel in der Fleischproduktion und seine Auswirkungen auf die traditionelle Landwirtschaft darstellen.

Bis in die 1950er-Jahre waren die Familienfarmen im Corn Belt des Mittleren Westens die wichtigsten Fleischlieferanten. Von den südlichen und mittleren Great Plains wurden Rinderherden nach Norden transportiert und auf den Farmen gemästet.

Durch den Bevölkerungsanstieg und veränderte Ernährungsgewohnheiten stieg der Fleischverbrauch und erforderte neue Produktionsmethoden. Die erste Vorbedingung war die starke Ausweitung der Produktion von Futtermitteln wie Mais und Hirse.

Die klimatischen Risiken wegen der hohen Niederschlagsvariabilität in den südlichen Great Plains wurden dadurch umgangen, dass man das fossile Grundwasser des rd. 450 000 km^2 großen, in 15 bis 100 m Tiefe liegenden Ogallala Aquifers für den Bewässerungsfeldbau verwendete. Ein weiterer Vorteil für den Standort von Rindermastbetrieben in den südlichen Great Plains ist das semiaride Klima. Die Sommer sind trocken und nicht zu heiß und verhindern Seuchengefahr. Bei den milden Wintertemperaturen können die Tiere ganzjährig im Freien gehalten werden.

Feedlots haben Größenordnungen von 20 000 bis 100 000 Rinder. Die Mastbetriebe können nicht mehr wie normale Farmen geführt werden, sondern erfordern neue Organisationsformen. Sie benötigen ein Management wie in industriellen Großbetrieben, das die vertikal gegliederten Produktionssysteme koordiniert. Diese gliedern sich in die Futtermittelproduktion, die Rindermast, die Schlachtung, die Verpackung und den Vertrieb bis hin zur Gastronomie.

Zur Kostenreduzierung ist es notwendig, dass alle Produktionssysteme möglichst nahe zusammenliegen. Die Feedlots haben sich zu kapitalintensiven Großunternehmen entwickelt. Sie profitieren von den großen Nutzflächen fernab von den großen Städten, dem günstigen Futtermittelanbau und der günstigen Lage zwischen den großen Verbraucherzentren, die alle mit Kühlfahrzeugen erreicht werden können. Staatliche Auflagen bei den Schlachtungen begünstigten den Konzentrationsprozess der Feedlots und den Bau neuer Schlachtbetriebe, verdrängten aber gleichzeitig alte Familienfarmbetriebe.

Arbeitsschritt 5: ➤ Sie bewerten den Inhalt des Textes.
Agrarindustrielle Großunternehmen wie die Rindermastbetriebe können im Vergleich zu den traditionellen Familienbetrieben kostengünstig produzieren. Die Massenproduktion unterscheidet sich in dieser Hinsicht nicht mehr von der Warenproduktion im sekundären Sektor. Hinzugekommen ist der Dienstleistungsbereich, für den die Farmer früher nicht zuständig waren.
Die Zunahme der Feedlots hat den Strukturwandel in der US-amerikanischen Landwirtschaft stark beschleunigt. Herkömmliche Farmer, die ihre Selbstständigkeit nicht aufgeben wollen, setzen auf Vertragsmast, bei der sie die Tiere anfüttern und anschließend zur Endmast an die Großbetriebe geben.
Ein besonderes Problem ergibt sich aus der Übernutzung des Ogallala Aquifers, die langfristig das Absinken des Grundwasserspiegels als Folge hat. In dem semiariden Klima erneuert sich das Grundwasser nicht. Ein durch Grundwasserknappheit bedingter verringerter Bewässerungsfeldbau muss sich negativ auf die Futtermittelversorgung der Feedlots auswirken. Bei sinkendem Grundwasserspiegel muss die Leistung der Pumpen erhöht werden. Steigen parallel dazu die Preise für die Energie und sinken die Erzeugerpreise für Fleisch, wird die Rindermast unrentabel.

Eine nachhaltige Entwicklung wird in dem Text nicht angesprochen. Sie könnte sich z. B. auf andere Bewässerungsformen, eine Reduzierung des viel Wasser verbrauchenden Maisanbaus und den Ersatz der Rindermast durch Schweinemast erstrecken.

Anmerkung: *Im Originaltext sind die Schlüsselbegriffe nicht unterlegt.*

Hinweis zum richtigen Zitieren

Sie halten die Aussage eines Textes für so wichtig, dass Sie sie nicht mit eigenen Worten wiedergeben möchten. Dann übernehmen Sie das Zitat aus dem Quellentext, wobei Sie es natürlich nicht aus dem Gedankengang herausreißen dürfen. Da das Zitat in einer schriftlichen Darstellung deutlich erkennbar sein muss, setzen Sie es in Anführungsstriche.
Beispiel: „Die entstehenden Unternehmen wurden wie Industriebetriebe geführt."

Zitate sollten nicht zu kurz, aber auch nicht zu lang sein. Reine Zitatensammlungen zeugen nicht unbedingt von der Durchdringung des Textes und sollten deshalb unterbleiben. Falls Sie ein Zitat kürzen möchten, setzen Sie die ausgelassene Passage in eine eckige Klammer mit drei Punkten.
Beispiel: „Mit dem Eindringen der Computertechnologie [...] waren in den Großbetrieben Betriebsergebnisse möglich, die von den Farmern im Mittelwesten nicht erreicht werden konnten."

Fällt Ihnen ein Fehler im zu zitierenden Quellentext auf, fügen Sie hinter dem Fehler eine Klammer mit Ausrufungszeichen (!) oder mit (sic!) ein.
Auch beim verbalen Zitieren muss die Textpassage deutlich werden. Nach einem einführenden Satz fahren Sie fort mit dem Zitat, geben die Passage wieder und schließen mit Ende des Zitats.

Umsetzungsformen für einen Text

Die einfachste Form der Umsetzung besteht darin, dass Sie ein Wirkungsgefüge erstellen. Sie kennen derartige **Wirkungsgefüge** auch als **Fließschema** oder **Fließdiagramm** bzw. als **Strukturskizze** oder als **Strukturdiagramm** aus dem Lehrbuch oder als eine Tafelskizze im Unterricht. Sie haben nun die Absicht, die komplexen Sachverhalte eines Textes in eine logische, schnell nachvollziehbare Abfolge zu bringen und die Verflechtungen anschaulich darzustellen.

➢ Wie bei der „normalen" Textanalyse heben Sie im Text zunächst die Schlüsselbegriffe hervor. Als Nächstes legen Sie „Anfang" und „Ziel" fest und ordnen die Elemente, die zusammengehören.

Zur Veranschaulichung der Wechselbeziehungen dienen Pfeile. Ein Kausalitätspfeil weist auf den Zusammenhang von Ursache und Wirkung hin. Ein Prozesspfeil verdeutlicht die Umsetzung von Stoffen. Aktions- und Folgepfeile dienen der Anbindung weiterführender Gedanken.

⇨ oder ⇩ oder ⇧ bedeutet, aus A folgt B.

⇔ oder ⇳ weist darauf hin, dass B aus A und gleichzeitig A aus B folgen kann.

Sie können, wenn Sie es als sinnvoll erachten, die Pfeile positiv oder negativ verstärken, indem Sie bei einem Zusammenhang von Ursache und Wirkung über den Pfeil (+) oder (-) setzen. Vermeiden Sie aber grundsätzlich Überschneidungslinien, weil diese die Anschaulichkeit beeinträchtigen.

Beispiel: Desertifikation

Das komplexe Wirkungsgefüge umfasst Ursachenketten wie den Eingriff in die natürliche Pflanzendecke, der durch die Erhöhung der Albedo mit einer gesteigerten Evaporation mikro-/mesoklimatische Auswirkungen hat. Die Evaporation beeinflusst den Bodenwasserhaushalt erheblich, wodurch Bodenverhärtungen und Krusten entstehen. Diese wiederum fördern Oberflächenabfluss und Erosion und verhindern andererseits eine rasche Regeneration der Vegetationsdecke. Dies gilt in erhöhtem Maße in völlig desertifizierten Gebieten, wie wir sie im Sahel beobachtet haben. So entsteht ein ökologisch schwerwiegender Circulus vitiosus!

Anmerkung: *Im Originaltext sind die Schlüsselbegriffe nicht unterstrichen.*

(aus: H. G. Mensching: Desertifikation, ein weltweites Problem der ökologischen Verwüstung in den Trockengebieten der Erde. Darmstadt 1990)

Lösung:

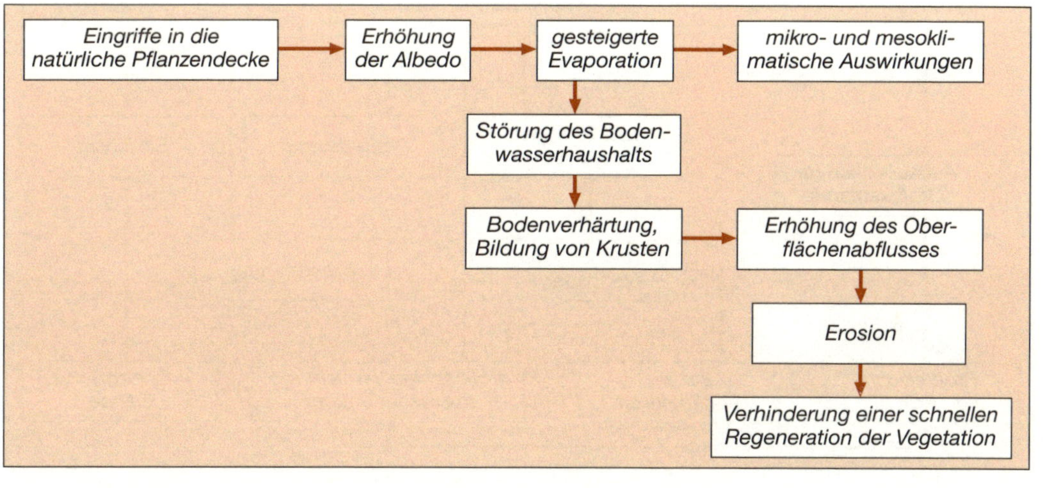

Beispiel: Die Expansion des Palmölsektors in Indonesien

Zusammen mit Malaysia produziert der Tropenstaat Indonesien über 80 % der weltweiten Palmölproduktion. In Indonesien boomt dieser Ölsektor seit Jahren, da bei niedrigen Produktionskosten nachfragebedingt die Weltmarktpreise steigen. Zunehmend dominieren agrarindustrielle Unternehmen den Palmölsektor. So bauen einzelne Unternehmen den nachwachsenden Rohstoff Palmöl auf Plantagen von mehr als 100 000 ha an.

Um Ölplantagen anzulegen, bedarf es öffentlicher Genehmigungen. Offiziell werden durch die Behörden nur Graslandflächen und schwer degradierte Wälder zugestanden.

In der Realität zeigt sich, dass die Konzessionsgebiete alle Vegetationstypen enthalten, also auch Primärwälder. Zudem betreiben zahlreiche Plantagenbesitzer zum Teil mit Wissen der zuständigen Behörden illegale Brandrodung und „wandeln“ so Primärwälder in degradierte Wälder oder waldfreie Gebiete um, um schneller expandieren und die steigende weltweite Palmölnachfrage bedienen zu können.

Feuer stellt in Indonesien die traditionelle Methode dar, um eine Fläche zur Bewirtschaftung vorzubereiten. Beim Shifting Cultivation (Brandrodungswanderfeldbau) brennen Kleinbauern inselartige Nutzflächen in den tropischen Regenwald. Bei dieser Nutzungsform wird das Ökosystem des tropischen Waldes zwar punktuell beeinträchtigt, aber nicht im Bestand gefährdet.

Legen nun Plantagenarbeiter Feuer, um neue Flächen zur Expansion zu schaffen, geraten die Brände leicht außer Kontrolle. Korruption, Ignoranz und technische Hilflosigkeit verhindern zudem eine frühe und wirksame Bekämpfung der Brände. Somit wird durch die Expansion der Palmölmonokulturen das artenreiche Ökosystem des tropischen Waldes großflächig vernichtet.

Daneben kommt es auch zu sozialen Konflikten mit indigenen Kulturen und ansässigen Kleinbauern. Die Plantagen breiten sich in Waldgebiete aus, die schon seit Jahrhunderten durch Dorfgemeinschaften traditionell genutzt werden. Oftmals werden die Menschen ohne Entschädigung vertrieben. Andere Kleinbauern fangen als Tagelöhner bei Plantagenkonzernen an, womit ihre Existenz vom Weltmarktpreis eines einzigen Pflanzenproduktes abhängt.

(Quelle: nach Homes, V. u. a.: Am Palmöl geht der Walde zugrunde. In: Globus, HG 1, 1999 und Autorentext in Mensch und Raum 12/13)

Lösung:

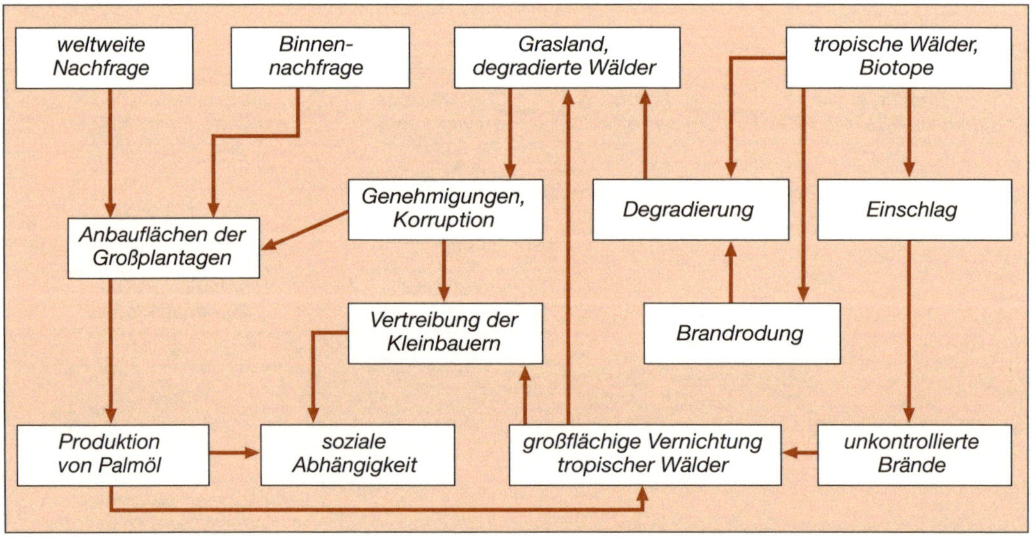

2.5 Zahlen vorwärts und rückwärts: Auswerten von Statistiken und Tabellen

Umgang mit Zahlen
Sie sind Zahlenskeptiker und glauben immer noch an die Steigerung „einfache Lügen – gemeine Lügen – Statistiken"? Oder denken Sie womöglich, dass Sie mit **Statistiken** alles beweisen können?
Im Abitur werden Sie mit **Tabellen** und **Tabellenkombinationen** konfrontiert, d. h. mit **Zahlen,** die in abstrakter Form quantitative Sachverhalte vermitteln sollen. Eine Statistik ist ein Informationsträger und stellt in Form von Tabellen Mengentatsachen über geographische Erscheinungen zur Verfügung.

Sie erinnern sich: Man unterscheidet **absolute Zahlen** und daraus abgeleitete **relative Zahlen.** Absolute Zahlen in einer Zahlentabelle geben die Bestandteile wieder und sind leicht ablesbar. Die Beispieltabelle dient zunächst der Information. Damit es aber nicht bei der reinen Reproduktion bleibt, bringt erst ein Vergleich weitere Erkenntnisse, z. B. mit einem anderen Jahr oder einem anderen Land. Eine weitere Möglichkeit besteht darin, die Basiszahlen in Prozente umzurechnen. Prozentzahlen bzw. Prozentanteile vermitteln einen schnellen Überblick, verlieren aber an Informationsgehalt, wenn die absolute Häufigkeit nicht angegeben wird. Achten Sie also bei Prozentaufgaben darauf, an welchem Basisjahr der Prozentanteil ermittelt wurde.
Bei Prozentzuwächsen oder -abnahmen sollte in der Überschrift deutlich werden, wenn sie sich auf vorangegangene Jahre beziehen.
Bekommen Sie Zahlen aus der ehemaligen UdSSR vorgelegt, seien Sie besonders misstrauisch. Die UdSSR war Weltmeister im Verschleiern von Produktionszahlen, indem die amtlichen Statistiken vornehmlich Prozentzahlen, bezogen auf das Vorjahr oder ein anderes Stichjahr, auswiesen. Damit sollte die Überlegenheit ihres Wirtschaftssystems gegenüber dem Westen dokumentiert werden.

Beispiel: absolute Zahlen

Bevölkerung nach Geschlecht und Staatsangehörigkeit in Deutschland

Indikator	*Einheit*	*2003*
Einwohner am 31. 12.	*1000*	*82 532*
männlich	*1000*	*40 356*
weiblich	*1000*	*42 176*
Staatsangehörigkeit	*1000*	
Deutsche	*1000*	*75 190*
Ausländer/-innen	*1000*	*7 342*

(Quelle: Statistisches Bundesamt 20. 12. 2004)

Beispiel: Prozente ohne absolute Zahl

Bevölkerung nach Geschlecht und Staatsangehörigkeit in Deutschland

Indikator	*2003*
männlich	*48,9 %*
weiblich	*51,1 %*
gesamt	*100,0 %*
nach Staatsangehörigkeit	
Deutsche	*91,1 %*
Ausländer/-innen	*8,9 %*
gesamt	*100,0 %*

(Quelle: Statistisches Bundesamt 2005)

Beispiel: absolute Basis/%-Angaben bezogen auf das vorangegangene Jahr

Bruttoinlandsprodukt und Wirtschaftswachstum in Deutschland

Jahr	*Mrd. €*	*Veränderungen gegenüber dem Vorjahr in Preisen von 1995*
2000	*1969,5*	*2,9*
2001	*1986,0*	*0,8*
2002	*1987,6*	*0,1*
2003	*1985,2*	*- 0,1*
2004	*2018,2*	*1,7*

(Quelle: Statistisches Bundesamt 2005)

Zahlen vorwärts und rückwärts: Auswerten von Statistiken und Tabellen

Arbeitsaufträge zu Tabellen fordern Sie häufig auf, das Verhältnis von **Teilmengen** zu einer Gesamtmenge zu ermitteln. Meist geht es dabei um Prozentanteile an einem vorgegebenen Sachverhalt. Seien Sie aber vorsichtig, wenn Teilmengen verschiedener Gesamtmengen miteinander verglichen werden sollten. Hier können Verzerrungen entstehen, die u. U. vom Verfasser gewollt sind. Zu den Relativzahlen gehören nicht nur die Prozentzahlen, sondern auch andere Beziehungszahlen. Dabei werden Kopfzahlen zu anderen Größen in Beziehung gesetzt. Erst durch den Vergleich führen die Zahlen zu wesentlichen Ergebnissen. Typische Beispiele sind Einwohner je km², BIP je Einwohner oder Niederschläge pro Jahr.

Beispiel: Durchschnittliche jährliche Zuwachsraten der Wirtschaft der USA und der UdSSR 1951 – 1975

Kennziffer	*UdSSR*	*USA*
Nationaleinkommen	*8,0*	*3,4*
gesamte Investitionen	*9,0*	*2,6*
Industrieproduktion	*9,4*	*4,2*
Produktivität je Industriebeschäftigtem	*6,1*	*3,5*
landwirtschaftliche Produktion	*3,4*	*1,6*
Verkehrsleistungen	*8,1*	*2,2*

(Quelle: Länderbericht Osteuropa 1979, S. 222)

Beispiele: Beziehungszahlen

Land	*Einwohner je km² (2003)*	*BIP je Einwohner real in US-$ (2003)*	*Ort*	*Niederschlagsmenge in mm*
Deutschland	*231*	*32 870*	*Regensburg*	*898*
Frankreich	*110*	*30 700*	*London*	*753*

Relativzahlen können falsche Eindrücke vermitteln. Wird die Bevölkerungsdichte Ägyptens mit 66 Einwohnern je km² angegeben, so sagt das wenig über die Verteilung der Bevölkerung im Land aus, sie lebt zu 99 % in Niltal und Nildelta. In den Wüsten liegt die Einwohnerdichte unter 1 Einwohner je km². Ähnlich ist es bei Mittelwerten und Häufigkeitsverteilungen, wenn sie nicht zu anderen Faktoren in Beziehung gesetzt werden.

Beispiel: Mittelwerte und Häufigkeitsverteilungen

Region	*mittlerer Niederschlag im Jahr (mm)*	*Hauptniederschlagszeit*	*Bodentyp*
Norddeutschland	*500 – 800*	*alle Jahreszeiten*	*Podsol/Parabraunerde*
südliche Ukraine	*250 – 500*	*Frühjahr und Sommer*	*Schwarzerde*
kroatische Adriaküste	*750 – 2000*	*Winterregen, Sommer niederschlagsarm*	*Gebirgsboden/ Kalkboden*

Lösung: Die Niederschläge Norddeutschlands sind für die Landwirtschaft weniger bedeutsam, weil die Hälfte im Winter fällt. Für die Ukraine haben die geringeren Regenfälle größere Bedeutung, da sie zu Beginn der Vegetationsperiode fallen und in der Schwarzerde gespeichert werden. Die Niederschläge der Adriaküste kommen der Vegetation kaum zugute. Sie fallen hauptsächlich im Winter und versickern schnell in den Kalkböden.

Bei **Zeitreihen** stellen verschiedene Daten – absolute, relative, Durchschnitts- und Indexzahlen – Entwicklungen, Bewegungen und Veränderungen dar.

Beispiel: Zeitreihe zum Erkennen von Entwicklungen und Veränderungen

*China **	*Einheit*	*1995*	*2000*	*2002*
Bevölkerung	*1000*	*1 211 210*	*1 267 430*	*1 284 530*
städtische Bevölkerung	*%*	*29,0*	*36,2*	*39,1*
Geburtenziffer	*Geborene/1000 Ew.*	*17,1*	*14,0*	*12,9*
Index der landwirtschaftlichen Produktion	*1999/2001 = 100*	*79,1*	*103,7*	*109,3*
** ohne Hongkong, Macau und Taiwan; Quelle: Statistisches Bundesamt 2004*				

Lösung: Die Bevölkerungsentwicklung zeigt einen geringfügigen Anstieg. Beachten Sie, dass die Zeitintervalle unterschiedliche Abstände aufweisen.
Die städtische Bevölkerung nahm von 29 auf 39,1 % zu. Das bedeutet aber nicht eine Zunahme um 10,1 % von 1995 bis 2002. Die Prozentangaben beziehen sich nur auf das entsprechende Jahr. Die Geburtenziffern als absolute Zahlen beziehen sich auf je 1000 Einwohner und zeigen einen Abwärtstrend an. Die landwirtschaftliche Produktion wird mit Indexzahlen angegeben und zeigt einen Aufwärtstrend.

Indexzahlen ähneln den Messzahlen in einer Zeitreihe. Der Index gibt die durchschnittliche Veränderung eines Sachverhaltes an. Den Maßwert eines Jahres setzt man mit 100 an und die Werte der folgenden Jahre werden als Indexzahlen angegeben. Indexzahlen sind keine Prozentangaben.

Land	*Einheit*	*2000*	*2001*	*2002*
Japan	*2000 = 100*	*100,0*	*99,3*	*98,4*
Polen	*1995 = 100*	*182,0*	*192,0*	*195,6*
Quelle: Statistisches Bundesamt, Länderprofile 2004				

Beispiel: Preisindex für die Lebenshaltung
Bei Japan zeigt sich eine Abnahme, d. h., die Preise sind gesunken. In Prozenten ausgedrückt bedeutet es, dass von 2001 zu 2000 die Veränderung -0,7 % ausmacht und -0,9 % von 2002 zu 2001. In Polen dagegen sind die Preise gestiegen. Beide Länder können nicht direkt miteinander verglichen werden, weil das Bezugsjahr unterschiedlich ist.
Indexzahlen werden auch gern für die Terms of Trade, die Austauschverhältnisse, verwendet. Sie wissen: Terms of Trade geben das Verhältnis aus dem Index der Exportgüterpreise und dem Index der Importgüterpreise wieder. Steigende Terms of Trade für ein Industrieland wie Deutschland heißt, dass für die gleiche Menge Exportgüter mehr importiert werden kann als vorher. Das Austauschverhältnis hat sich verbessert.
Umgekehrt verhält es sich bei Entwicklungsländern bzw. ihren Exporterlösen für Rohstoffe. Am Beispiel Kaffee lässt sich die Problematik erkennen: 1985 (Basisjahr) entsprachen 6 t Kaffee dem Wert eines 6–10 t schweren Lkw. 1998 musste für einen entsprechenden Lkw die doppelte Menge Kaffee exportiert werden. Zu berücksichtigen ist allerdings, dass ein Lkw von 1998 nicht mehr dem von 1985 entsprach.

Tabellen sind häufig sehr komplex und benötigen für die Auswertung viel Zeit, besonders dann, wenn Sie jede Zahl einzeln analysieren. Wesentlich schneller kommen Sie zum Ziel, wenn Sie Extremwerte heraussuchen und sich nur auf die Minimum- und Maximumangaben konzentrieren.

Beispiel: Klimatabelle – hier Niederschläge in Cherrapunji (Indien)

	J	F	M	A	M	J	J	A	S	O	N	D
mm	18	53	185	665	1280	2695	2446	1781	1100	493	69	13

Für die Erläuterung sollten Sie hinreichende Kenntnisse über die Innertropische Konvergenzzone (ITC) und den Monsun besitzen. Ihre Erläuterung könnte dann unter Einbeziehung des Atlas folgendermaßen lauten:
Auffällig sind die beiden Extremwerte im Juni und Dezember. Cherrapunji gilt als der regenreichste Ort der Erde. Die Stadt liegt an der Südabdachung der 1200 m hohen Khasiberge. Nördlich schließt sich die rd. 150 km breite Brahmaputra-Ebene an, bevor der Himalaya beginnt. Während des Sommermonsuns strömen die feuchtwarmen Luftmassen gegen die Khasiberge. Sie können wegen des östlich angrenzenden und Nord-Süd verlaufenden Patkai- und Arakangebirges nicht ausweichen. In dem Tal, an dessen Nordende Cherrapunji liegt, steigen die Luftmassen auf, kondensieren und regnen sich ab. Im Winter liegt über Nordindien ein Hochdruckgebiet. Der Wind weht aus Norden mit geringer Geschwindigkeit vom innerasiatischen Festland Richtung Indischer Ozean. Er wird nach rechts abgelenkt, sodass über Indien vorwiegend Winde aus nordöstlichen Richtungen wehen. Dieser Nordostmonsun dauert von Dezember bis Februar und ist kühl und trocken.

Gliederung einer Tabelle

Bodenflächen
nach Art der tatsächlichen Nutzung in Deutschland

Nutzungsart	1993[1]		2001[1]	
	km^2	%	km^2	%
Bodenfläche insgesamt	356 970	100,0	357 031	100,0
Gebäude- und Freifläche	20 733	5,8	23 081	6,5
Betriebsfläche	2 427	0,7	2 528	0,7
darunter Abbauland	1 878	0,5	1 796	0,5
Erholungsfläche	2 255	0,6	2 659	0,7
Verkehrsfläche	16 441	4,6	17 118	4,8
Landwirtschaftsfläche	195 112	54,7	191 028	53,5
Waldfläche	104 536	29,3	105 314	29,5
Wasserfläche	7 837	2,2	8 085	2,3
Flächen anderer Nutzung	7 630	2,1	7 219	2,0
darunter Friedhof	327	0,1	350	0,1
nachrichtlich				
Siedlungs- und Verkehrsfläche [2,3]	40 305	11,3	43 939	12,3

1 Stichtag 31. 12. des Vorjahres.
2 „Siedlungs- und Verkehrsfläche" und „Versiegelte Fläche" können nicht gleichgesetzt werden, da in die Siedlungs- und Verkehrsflächen auch unbebaute und nicht versiegelte Flächen eingehen.
3 Summe aus den Nutzungsarten: Gebäude- und Freifläche, Betriebsfläche (ohne Abbauland); Erholungsfläche, Verkehrsfläche, Friedhof
Quelle: Statistisches Bundesamt Deutschland; aktualisiert 11. 11. 2003

Überschrift
Kopfleiste
zeitliche Abgrenzung (Zeitreihe)
Spalten
Zahlenart
Randspalte (Vorspalte)
Erläuterung Fußnote
Quelle

Die folgenden Arbeitsschritte helfen Ihnen, eine Tabelle schnell und effizient auszuwerten.

Arbeitsschritt 1: EINLESEN IN DIE TABELLE

Ziel: Sie stellen den Aufbau der Tabelle, der Statistik fest.

a) Worum geht es in der Tabelle, der Statistik?
➢ Sie entnehmen der Überschrift bzw. Unterschrift den Inhalt.

b) Welche Angaben zur Quelle sind vorhanden?
➢ Sie ermitteln den Herausgeber, den Erscheinungsort und das Erscheinungsjahr.

c) Welcher Inhalt ist dargestellt?
➢ Sie erkennen die Maßeinheiten sowie die Gliederung der Spalten und Zeilen. Sie finden Begriffe, die Sie notfalls noch nachschlagen müssen.

d) Welcher Raum und welche Zeit sind erfasst?
➢ Sie nehmen die räumliche und zeitliche Einordnung vor (Jahr, Monat).

e) Wie ist der Sachverhalt dargestellt?
➢ Sie erkennen bei der Zahlenart, ob es sich um Zahlenreihen, Teilmengen, absolute, relative, gerundete, geschätzte oder Indexzahlen handelt.

Arbeitsschritt 2: BESCHREIBEN DER TABELLE

Ziel: Sie geben den Inhalt der Tabelle schriftlich oder mündlich wieder.

a) Um welchen Raum/Sachverhalt handelt es sich?
➢ Sie bestimmen den Raum bzw. skizzieren kurz den Sachverhalt. Notieren Sie, wenn verschiedene Räume miteinander verglichen werden.

b) Welcher Zeitraum ist erfasst worden?
➢ Sie nennen die Zeitangaben. Beachten Sie, dass Zeitsprünge zu unterschiedlichen Aussagen führen können.

c) Welche Zahlenwerte fallen besonders auf?
➢ Sie arbeiten die Höchst- und Tiefstwerte (Maxima/Minima) heraus.

d) Welche Richtung/Tendenz ist erkennbar?
➢ Sie beschreiben Regelmäßigkeiten, Auffälligkeiten, Unterschiede, Zu- oder Abnahmen und auch Zahlenumkehr. Sie vergleichen die Daten, errechnen Durchschnittswerte und setzen Einzeldaten in Beziehung zur Gesamtsumme.

e) Welche Zusammenhänge zeigt die Tabelle?
➢ Sie formulieren die Hauptaussage in einer Zusammenfassung.

Arbeitsschritt 3: ERLÄUTERN DER TABELLE

Ziel: Sie erklären die Inhalte.

a) Welche Erklärungshinweise enthalten die Namen und Beschriftungen?
➢ Sie leiten bestimmte Problemstellungen ab.

b) Welche kausalen und funktionalen Zusammenhänge lassen sich zwischen den Einzeldaten herstellen?
➢ Sie stellen die erkannten Phänomene in einen räumlichen, zeitlichen und/oder politischen Zusammenhang und formulieren Thesen über die Entwicklung. Bringen Sie an dieser Stelle Ihre Vorkenntnisse mit ein.

c) Wo gibt es Regelmäßigkeiten, wo Abweichungen?
➢ Sie suchen nach Erklärungen und formulieren sie als Thesen.

Arbeitsschritt 4: BEWERTEN DES TABELLENINHALTS
Ziel: Sie nehmen kritisch zum Inhalt der Tabelle Stellung.
a) Stimmen Über- bzw. Unterschrift (Thema) mit dem Inhalt überein?
- *Sie überprüfen, ob die Größenklassen und Schwellenwerte sinnvoll gewählt sind und ob gleichmäßige Zeitreihen vorliegen oder Zeitsprünge.*
  Achten Sie bei Prozentwerten auf die Datenbasis.
  Auch bei Indexzahlen sollte die Bezugsbasis offen gelegt sein.

b) Welche zentralen Aussagen, Folgerungen und Hinweise auf Probleme lässt die Darstellung zu?
- *Sie fertigen eine Synopse an und geben einen Ausblick auf mögliche weitere Problemstellungen.*

c) Welche Informationen fehlen oder sind überflüssig?
- *Sie überprüfen den Tabelleninhalt abschließend auf Vollständigkeit.*
  Hier können Sie auch einen Hinweis auf die Quelle einbringen, ob sie z. B. amtlich ist oder auf eine Interessengruppe schließen lässt.

Beispiel: Auswerten einer Tabelle – hier Nutzviehbestand der USA in Mio.

Tierart	*1950*	*1960*	*1970*	*1980*	*1990*	*2002*
Rinder, Kälber	*53,3*	*85,0*	*112,4*	*111,2*	*95,8*	*95,5*
Milchkühe	*23,8*	*19,5*	*12,0*	*10,8*	*9,6*	*9,1*
Schweine	*93,4*	*59,0*	*67,3*	*64,5*	*53,8*	*60,4*
Schafe	*29,8*	*33,2*	*20,4*	*12,6*	*11,4*	*6,3*
Masthähnchen	*631,0*	*1794,0*	*2986,0*	*3964,0*	*5864,0*	*8500,0*

Quelle: USDA, US-Department of Statistics, Agrarzensus, verschiedene Jahrgänge

Lösung:
Beschreibung. Die Statistik gibt die Entwicklung des Viehbestands anhand ausgewählter Tierarten in den USA zwischen 1950 und 2002 wieder. Sie beruht auf dem Agrarzensus des amerikanischen Landwirtschaftsministeriums und erfasst die Zeiträume im 10-Jahres-Abstand. Lediglich der Zeitabstand für die rechte Spalte beträgt 12 Jahre.
Von 1950 bis 1970 hat sich der Bestand an Rindern und Kälbern von über 53 Mio. auf über 112 Mio. mehr als verdoppelt. Seither ist der Bestand rückläufig. Er sank bis 1990 auf 95,8 Mio. Tiere und blieb auch 2002 nahezu konstant.
Die Zahl der Milchkühe ist zwischen 1950 und 2002 um 14,7 Mio. Tiere zurückgegangen. Zwischen 1960 und 2002 hat sich ihre Zahl mehr als halbiert.
Die Schweinezucht war von 1950 bis 1960 von 93,4 Mio. auf 59,0 Mio. Tiere stark rückläufig. Bis 1970 war wiederum ein Anstieg der Schweinehaltung auf über 67 Mio. Tiere auszumachen.
Ein erneuter Abwärtstrend setzte sich bis 1990 auf 53,8 Mio. Tiere fort. Seit 2002 ist wieder ein Ansteigen der Anzahl auf 60,4 Mio. Tiere zu verzeichnen.
Die Schafhaltung ist in den USA stark rückläufig. Nach einer kurzzeitigen Ausweitung der Schafzucht von 1950 bis 1960 auf 33,2 Mio. Tiere sinkt die Schafhaltung kontinuierlich auf 6,3 Mio. Tiere im Jahr 2002.

Im Gegensatz hierzu steht die Masthähnchenproduktion, die sich konstant seit 1950 auf 8,5 Mrd. Tiere im Jahr 2002 mehr als verdreizehnfacht hat.

Erklärung. Der Wandel an Tierbeständen findet seine wesentliche Begründung in der Veränderung des Ernährungsverhaltens in den USA. Zwischen 1960 und 1970 hatte der Rindfleischverbrauch pro Kopf von 28,7 kg auf 38,2 kg zugenommen. Dann kam es infolge der Diskussion um die gesundheitlichen Risiken fett- und cholesterinhaltiger Nahrung zu einem Rückgang auf 31,1 kg im Jahr 2000. Gegenwärtig ist eine Stabilisierung des Rindfleischkonsums auszumachen. Die abnehmenden Bestände bei Milchvieh sind durch die Steigerung der durchschnittlichen Milchleistung zu begründen, die auf bessere Fütterung, intensivere Haltungsformen und auf Zuchterfolge zurückzuführen ist, sodass eine ausreichende Versorgung der Bevölkerung gewährleistet ist. Auch beim Schweinefleisch ist seit 1960 ein Rückgang des Pro-Kopf-Verbrauchs von 26,8 kg auf 23,6 kg zu beobachten. Der Bedarf an Schweinefleisch richtete sich zunehmend auf Produkte, die eine fettärmere, schnellere und homogenere Produktion bei eng umrissenen Qualitätsnormen ermöglichen. Während der Absatz von Schaf- und Lammfleisch weiterhin rückläufig ist, nahm der Verbrauch an Geflügelfleisch stetig zu. Amerikanische Konsumenten bevorzugen zunehmend Geflügelfleisch, das ebenso zu Wurst verarbeitet wird. Der Pro-Kopf-Verbrauch ist von 10,6 kg (1960) auf 36,2 kg (2000) angestiegen.

Bewertung. Die Statistik bezieht sich auf wenige Tierarten. Eine weitere Auflistung über andere Nutztierarten wie z. B. Puten fehlt. Dennoch gibt die Tabelle den Strukturwandel in den Ernährungsgewohnheiten wieder.

Ländervergleiche sind beliebte Prüfungsaufgaben. Dabei müssen Sie alle Vergleichszahlen einzeln durchgehen und jeweils die Entwicklungen begründen.

Indikator	*Einheit*	*USA*		*Russische Föderation*	
Bevölkerung	*Mio.*	*297*	*2004*	*142,4*	*2004*
Fläche	*km²*	*9 631418*	*2004*	*17 075 400*	*2004*
Bevölkerungsdichte	*Einw./km²*	*31*	*2004*	*8*	*2004*
Arbeitslosenquote	*%*	*6*	*2003*	*8,9*	*2001*
Bruttoinlandsprodukt (BIP)	*Mio. US-$*	*10 857 200*	*2003*	*432 849*	*2003*
Jährliches BIP-Wachstum (real)	*%*	*2,9*	*2003*	*7,3*	*2003*
BIP je Einwohner (real)	*US-$*	*32 185*	*2003*	*3 257*	*2002*
Inflationsrate	*%*	*2,3*	*2003*	*13,7*	*2003*
Importe	*Mio. US-$*	*1 305 410*	*2003*	*57 263*	*2003*
Exporte	*Mio. US-$*	*723 805*	*2003*	*133 450*	*2003*
Saldo der Im- und Exporte	*Mio. US-$*	*-581 605*	*2003*	*76 187*	*2003*
Pkw-Dichte	*je 1000 Ew.*	*467*	*2002*	*147*	*2002*
Internet-Nutzer	*je 1000 Ew.*	*551*	*2002*	*41*	*2002*

Quelle: Statistisches Bundesamt Deutschland 2005

Empfehlung

Sie sind speziell an Länderdaten interessiert? Das Statistische Bundesamt ist unter www.destatis.de eine wahre Fundgrube für Länderprofile. Natürlich können Sie auch das CIA-Factbook unter www.cia./gov/cia/publications/factbook zurate ziehen. Struktur- bzw. Basisdaten zu Bevölkerung, Bildung und Gesundheit sowie Wirtschaft und Umwelt stellt der Fischer Weltalmanach für alle Staaten der Erde zur Verfügung.

2.6 Säulen, Balken, Kreise, Linien: Auswerten von Diagrammen

Diagramme sind zeichnerische Veranschaulichungen von statistischen Größen und Größenbeziehungen. Abstrakte Zahlenwerte werden in Ausdehnungen umgesetzt und vermitteln dadurch einen Eindruck von Mengenverhältnissen. Mit Texten, Karten und Tabellen gehören Diagramme zu den wichtigsten Quellen bei schriftlichen und mündlichen Prüfungen. Abhängig von ihrer Funktion bei der Gewinnung von Erkenntnissen lassen sich verschiedene Diagrammformen unterscheiden. Die Auswertung folgt weitgehend den Arbeitsschritten bei der Auswertung von Tabellen.

Arbeitsschritt 1: EINLESEN IN DAS DIAGRAMM

Ziel: Sie stellen Form und Inhalt des Diagramms fest.
a) Um welche Diagrammform handelt es sich?
b) Welche Angaben zur Quelle sind vorhanden?
c) Welcher Inhalt (Sachverhalt, Raum, Zeitraum) ist dargestellt?
d) Welche Zahlen und Zusatzinformationen enthält das Diagramm?

Arbeitsschritt 2: BESCHREIBEN DES DIAGRAMMS

Ziel: Sie geben den Inhalt des Diagramms schriftlich oder mündlich wieder.
a) Wie sind die Zahlenwerte angeordnet?
- *Sie beschreiben die Zahlenwerte bzw. die Beschriftungen auf der waagerechten und auf der senkrechten Achse.*

b) Welche Aussage vermittelt das Diagramm?
- *Sie lesen die Daten an den Achsen ab, messen notfalls mit dem Lineal aus und berechnen. Sie beschreiben den Sachverhalt, zeigen Entwicklungen und Verlaufsphasen auf.*

Arbeitsschritt 3: ERLÄUTERN DES DIAGRAMMS

Ziel: Sie erklären die Inhalte.
a) Welche Erklärungshinweise enthalten die Überschrift und zusätzliche Erläuterungen?
- *Sie leiten bestimmte Problemstellungen ab.*

b) Welche kausalen und funktionalen Zusammenhänge lassen sich herstellen?
- *Sie stellen die erkannten Phänomene in einen räumlichen, zeitlichen und/oder politischen Zusammenhang und formulieren Thesen über die Entwicklung.*

Arbeitsschritt 4: BEWERTEN DES DIAGRAMMS

Ziel: Sie nehmen kritisch zur Darstellungsform und zum Inhalt Stellung.
a) Stimmen Über- bzw. Unterschrift (Thema) mit dem Inhalt überein?
- *Sie überprüfen, ob die graphische Darstellung für den Sachverhalt geeignet ist.*
  Achten Sie besonders bei bildlichen Darstellungen und Kartogrammen darauf, welche Funktionen sie haben (illustrierend, erläuternd).
  Denken Sie daran, dass Diagramme auch zur Meinungsmanipulation verwendet werden können.

b) Reichen die Informationen aus oder müssen die Materialien ergänzt werden?
- *Sie stellen die Aussagegrenzen fest, z. B. ob die Zahlenwerte eindeutig und aussagefähig sind oder ob Sie nur begründete Vermutungen formulieren können.*

Säulendiagramme stellen absolute oder relative Gesamtmengen oder absolute und relative Teilmengen dar und veranschaulichen insbesondere Rangreihen.
Beispiel: einfaches Säulendiagramm mit absoluten Zahlen – hier: *Südkorea, Beschäftigte (in Mio.)*
Beschreibung: Die waagerechte (x-)Achse gibt Zeitintervalle von 1960 bis 2000 an, die senkrechte (y-)Achse Zahlenwerte von 0–25. 1960 beträgt die Zahl der Beschäftigten 7,5 Mio. Sie steigt bis 1995 kontinuierlich auf über 20 Mio. an. 1996 und 1997 erfolgt ein leichter weiterer Anstieg. Von 1998 bis 2000 nimmt die Beschäftigtenzahl ab und pendelt um 20 Mio.
Erläuterung: Die Zunahme der Beschäftigten korrespondiert bis 1995 mit der Bevölkerungsentwicklung. Die Einwohnerzahl steigt von 25 Mio. (1960) auf 44,8 Mio. (1995). 1997 konnte Südkorea seine Schulden in Höhe von 68 Mrd. US-$ nicht mehr bezahlen. Trotz Kreditzusagen des Internationalen Währungsfonds folgten Firmenzusammenbrüche und Entlassungen.

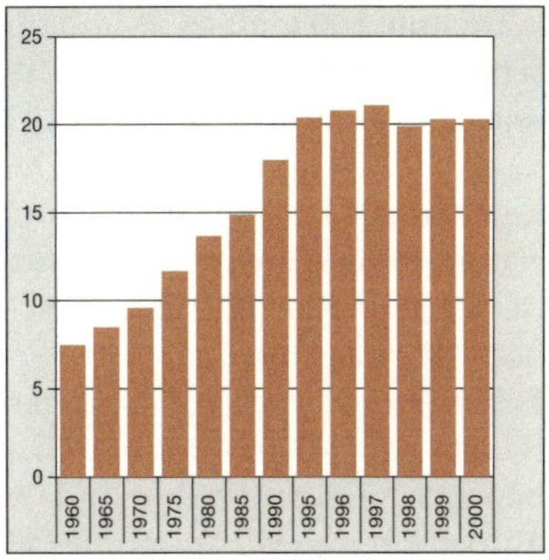

(Quelle: Geographie 12/13, S. 58)

Beispiel: Säulendiagramm mit 2 y-Achsen – hier: *Zunahme der Bewässerungslandwirtschaft 1900 bis 2000*
Beschreibung: Die x-Achse gibt die Jahreszahlen an, aber mit Zeitsprüngen. Beide y-Achsen zeigen absolute Zahlen vom Nullwert an. Zwei Säulen sind jeweils auf ein Jahr bezogen. Die linke Säule bezieht sich auf die bewässerte Fläche in Mio. ha, die rechte auf den Wasserverbrauch in km³/Jahr.
Erläuterung: Die bewässerte Fläche liegt 1900 knapp unter 50 Mio. ha. Sie steigt bis 1990 auf das Fünffache. Der Wasserverbrauch steigt von 400 km³/Jahr auf nahezu 2000 km³/Jahr. 1995 bis 2000 werden mehr Flächen bewässert, aber der Wasserverbrauch nimmt proportional nicht im gleichen Maße zu. Der im Verhältnis zur bewässerten Fläche geringere Wasserverbrauch ist auf die Erschöpfung fossiler Grundwasservorräte und auf verbesserte Bewässerungstechniken zurückzuführen.

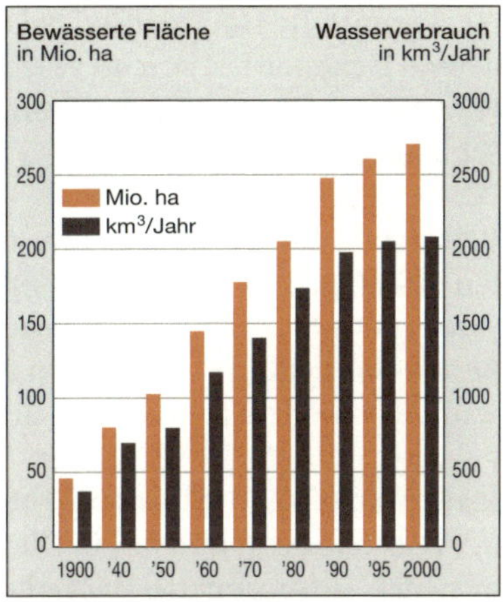

(Quelle: Geographie 11, S. 92)

Beispiel: Säulendiagramm mit 100-Prozent-y-Achse – hier: *Waldschäden in Deutschland*
Beschreibung: Die x-Achse ist in Jahresabstände von 1984 bis 2003 unterteilt, die y-Achse in Prozente im Abstand 20, 40, 60, 80, 100. Die Säulen sind in drei Kategorien unterteilt und tragen jeweils die Einzelwerte, die zusammen 100 % ergeben. Extremwerte (Maxima) für deutliche Schäden sind das Jahr 1991 mit 30 %, für die

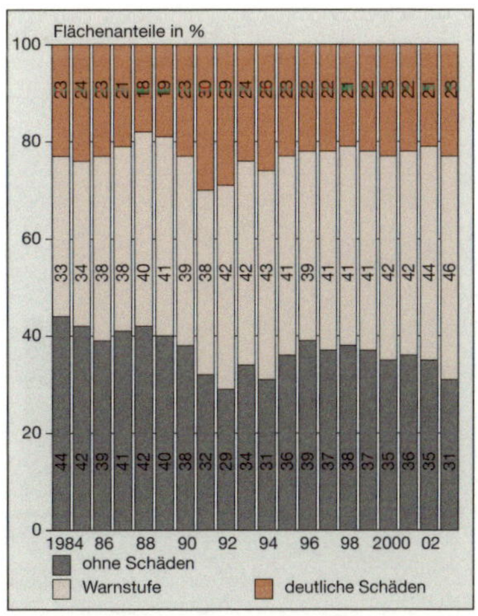

(Quelle: Fischer Weltalmanach 2005)

Warnstufe 2003 mit 46 % und für Wald ohne Schäden 1984 mit 44 %. Die Warnstufe ist seit 1992 mit Ausnahme von 1996 nicht unter die 40-%-Grenze gefallen. Die deutlichen Schäden, die seit 1995 etwas zurückgegangen waren, bleiben zwischen 21 und 23 %. 2003 ist der Anteil des gesunden Waldes auf nur noch 31 % gesunken.

Erläuterung: Die Waldschäden umfassen Nadel- und Blattverluste. Ursachen sind hauptsächlich Stickoxide und Ozon aus den Autoabgasen sowie Ammoniak aus der Landwirtschaft. In trockenen Jahren befällt der Borkenkäfer die Fichtenbestände. Der für 2003 ermittelte Höchststand bei dem gefährdeten Flächenanteil von 46 % könnte in den Folgejahren den Anteil bei den deutlichen Schäden erhöhen.

Beispiel: Säulendiagramm mit aufsummierten Häufigkeiten – hier: *Primärenergieverbrauch nach Energieträgern in Deutschland*

Beschreibung: Die x-Achse ist in Zeitintervalle im Abstand von zehn Jahren unterteilt. Die y-Achse enthält in absoluten Zahlen die Maßeinheit SKE in Mio. t von 0 bis 500 mit einem Abstand von jeweils 50. Die Säulen sind in sieben aufsummierte Häufigkeiten gegliedert, die sich auf die Energieträger beziehen.

Der absolute Verbrauch hat sich von 1950 bis 1999 mehr als verdreifacht. Für 2010 sagt die Prognose nur eine geringe Abnahme voraus. Bis 1980 steigt der Energieverbrauch im 10-Jahres-Rhythmus stark an, 1990 erfolgt ein Rückgang bis unter 400 Mio. t SKE. 1999 wird ein Höchststand mit rd. 490 Mio. t SKE erreicht. Innerhalb der Energieträger zeigt sich eine Verschiebung, aber Stein- und Braunkohle sowie Erdöl und Erdgas behalten den höchsten Anteil. Erdgas und Kernenergie spielen erst ab 1970 eine Rolle.

Erläuterung: Der Energieverbrauch spiegelt die wirtschaftliche Entwicklung Deutschlands wieder. Der Rückgang 1990 ist auf die Stilllegung von Betrieben und Braunkohletagebauen in der ehemaligen DDR zurückzuführen. Aufgrund der Subventionen bleibt der Steinkohleverbrauch 1990 und 1999 nahe unverändert. Problematisch sind die hohen Anteile der fossilen Energieträger Erdöl und Erdgas, die eingeführt werden müssen. Ein weiteres Problem ergibt sich beim Verbrennen der fossilen Energieträger durch den CO_2-Ausstoß. Da die erneuerbaren Energien nur eine untergeordnete Rolle spielen, können die Vorgaben durch das Kyoto-Protokoll, das eine Reduzierung der Treibhausgase von 1990 bis 2010 um 21 % vorsieht, kaum erfüllt werden.

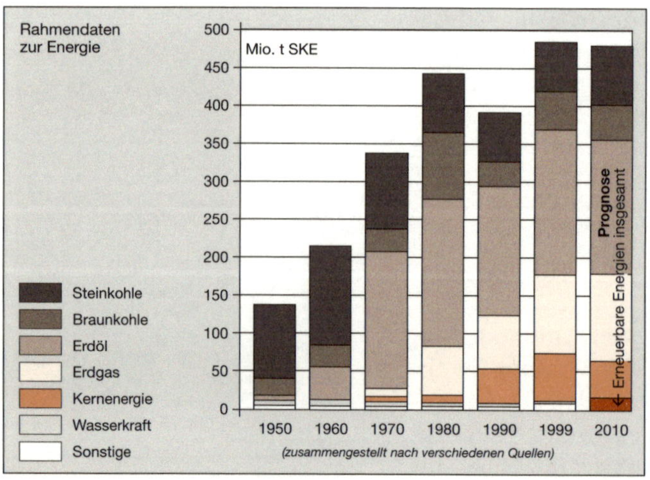

(Quelle: Geographie 11, S. 152)

Banddiagramme mit horizontalen Balken erfüllen die gleiche Funktion wie Säulendiagramme, nur mit dem Unterschied, dass sie um 90 Grad gedreht sind. Eine Sonderform bilden die *Bevölkerungspyramiden,* die den Altersaufbau abbilden.

Beispiel: einfaches Balkendiagramm – hier: *Durchschnittliches jährliches Wirtschaftswachstum der Staaten des asiatisch-pazifischen Raumes 1990 bis 1997*

Beschreibung: Das Diagramm zeigt das Wirtschaftswachstum in Prozent von elf asiatischen Staaten sowie den USA und Deutschland. Am deutlichsten fällt das Wirtschaftswachstum von China mit nahezu 12 % auf. Es folgen Malaysia und Vietnam. Weder Japan noch Deutschland erreichen die 2-Prozent-Marke. Auch die USA liegen mit rd. 3 % mit Ausnahme von Japan unter den asiatischen Staaten.

Erläuterung: Bei der Bewertung muss das unterschiedliche Ausgangsniveau berücksichtigt werden. Japan und Deutschland verzeichnen ein geringes Wirtschaftswachstum, u. a. bedingt durch Marktsättigung und eine leichte Weltwirtschaftsdepression Anfang der 1990er-Jahre. Chinas Wachstum ist auf die Umsetzung der „sozialistischen Marktwirtschaft" zurückzuführen. Auch Vietnam profitierte von der marktwirtschaftlichen Ausrichtung. Die übrigen, bis auf Kambodscha, als „Tigerstaaten" bekannten Länder erlebten einen Wirtschaftsboom, der bis zur „Asienkrise" anhielt.

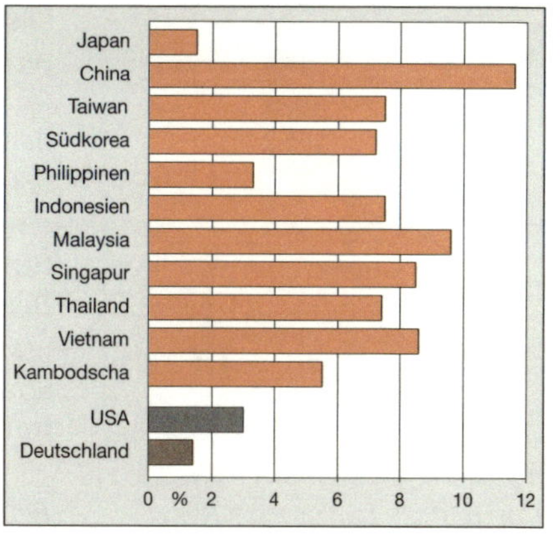

(Quelle: Der asiatisch-pazifische Raum, S. 43)

Beispiel: Bevölkerungspyramide – hier: *Bevölkerung nach Alter und Geschlecht*

Beschreibung: Das Diagramm besteht aus zwei Bevölkerungspyramiden, links für die EL, rechts für die IL. Die Zahlenangaben zwischen beiden Diagrammen beziehen sich auf Altersstufen, die jeweils fünf Jahre umfassen. Auf den waagerechten Achsen sind zu beiden Seiten die absoluten Zahlen bis 300 Mio. eingetragen. Die Darstellung für die EL weist die typische Pyramidenform auf, bei der jeder neugeborene Jahrgang größer ist als der vorhergehende. Alle Jahrgangsstufen zusammen ergeben 5 Mrd. Menschen. Auffällig ist der geringere Anteil der weiblichen Bevölkerung. Die Darstellung für die IL entspricht einer länglichen Tropfenform mit einem nur schwach ausgebildeten Sockel. In der Summe ergibt sich eine Bevölkerungszahl von 1 Mrd.

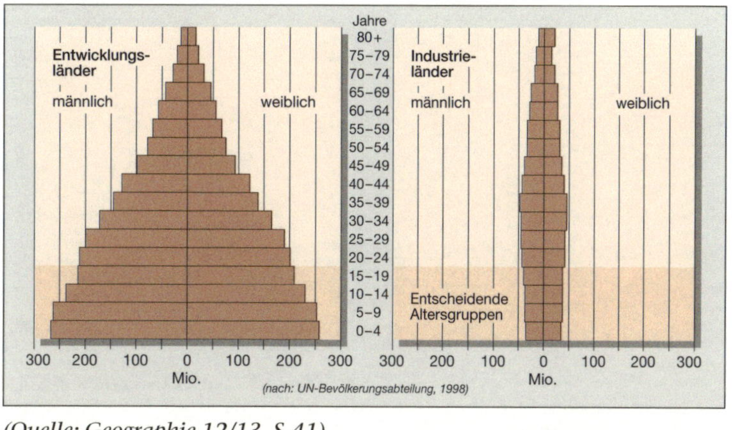

(Quelle: Geographie 12/13, S.41)

Erläuterung: Das Bevölkerungspotenzial der Entwicklungsländer ist ungleich größer als das der Industrieländer. Ursache ist die hohe Fruchtbarkeitsrate in den Entwicklungsländern, die weit über das sog. „Ersatzniveau" von zwei Kindern pro Frau hinausgeht. Selbst bei niedrigeren Fruchtbarkeitsraten geht die Bevölkerungszahl nur langsam zurück, weil zunächst eine große Zahl junger Menschen in das reproduktionsfähige Alter aufrückt. Der bei den Industrieländern nach unten schmaler werdende Sockel weist auf zukünftige Probleme bei der Versorgung der über 60-Jährigen hin.

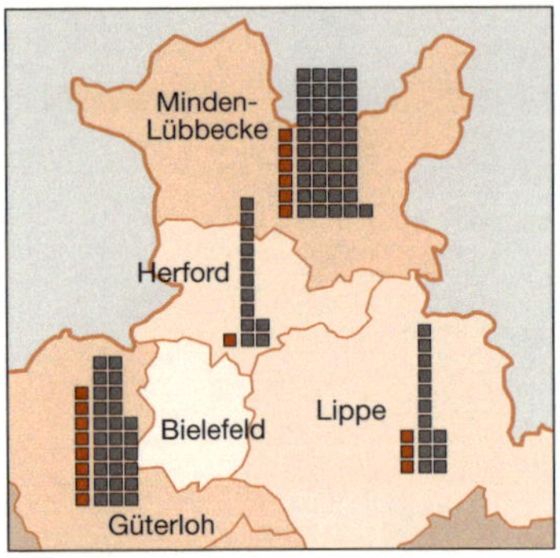

(Quelle: Ausschnitt aus Atlas Unsere Welt, Länderteil NRW)

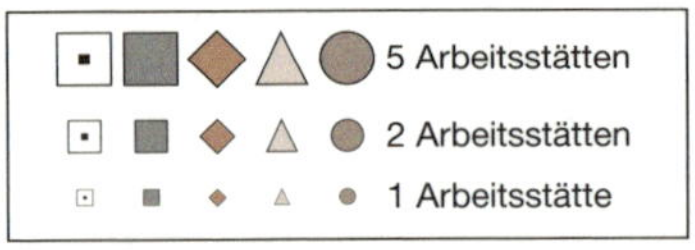

Flächendiagramme als geometrische Figuren

Flächendiagramme stellen Mengen oder Zahlenwerte proportional dar. Die gebräuchlichsten Darstellungsformen sind Quadrate, Rechtecke und Kreise. Von der Atlasarbeit kennen Sie derartige Flächendiagramme, die bestimmte Größen darstellen. Auch bildhafte Signaturen bzw. Figurendiagramme zeigen Größenordnungen je nach Bedeutung an.

Beispiel: einfaches Flächendiagramm als Mengendiagramm nach dem Zählrahmenprinzip – hier: *Rinder- und Schweinehaltung*. 1 Quadrat entspricht 10 000 Tieren (links Rinder, rechts Schweine).

Beispiel: Flächendiagramm mit Rechtecken – hier: *Die Erde nach der Bevölkerungszahl*

Beschreibung: Die Länder der Erde sind in zwei Diagrammen mit Rechtecken dargestellt. Als Größenordnung für die Bevölkerungszahl dient ein Quadrat, das 2 Mio. Einwohnern entspricht. 1950 fallen China und Indien wegen ihrer Größe auf. Europa, Afrika und Lateinamerika scheinen etwa gleich große Bevölkerungszahlen zu haben. 2025 vermittelt der Gesamteindruck, dass die Weltbevölkerung um mehr als das Dreifache angestiegen ist. China und Indien stehen weiter an der Spitze. Hinzugekommen sind Länder in Südostasien, Afrika und Südamerika. Europa spielt eine nachgeordnete Rolle.

Erläuterung: Die Fläche der Länder gibt für 1950 den tatsächlichen Stand wieder, für 2025 eine Prognose. 1950 lebten 2,5 Mrd. Menschen auf der Erde, 2025 werden es 8 Mrd. sein. Im Vergleich der Darstellungen wird die Problematik des Bevölkerungswachstums für einzelne Länder wie auch für die Erde erkennbar.

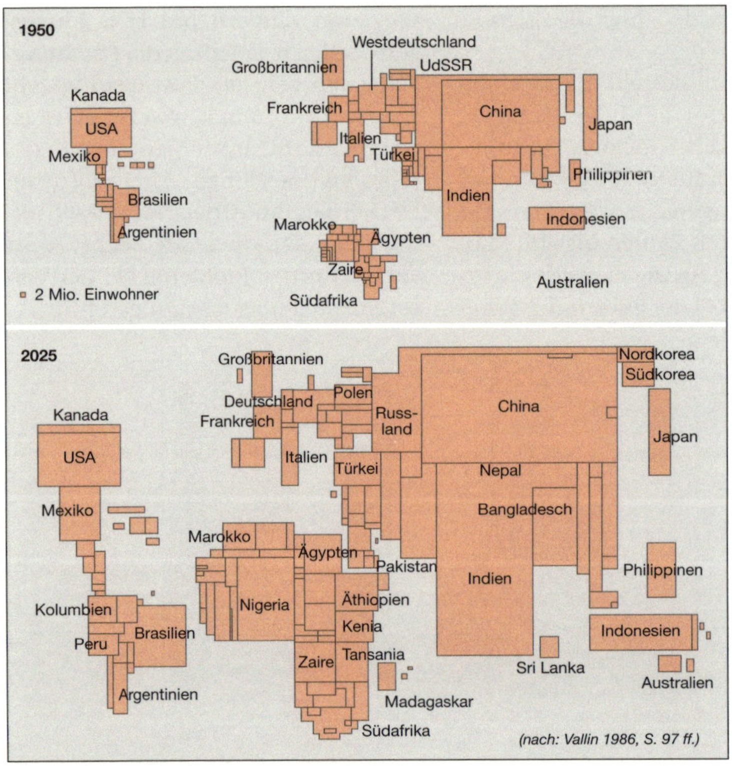

(Quelle: Geographie 12/13, S. 40)

Kreissektorendiagramme erlauben die kombinierte Darstellung von absoluten und relativen Werten durch die Unterteilung der Kreise in Sektoren. Die relativen Werte sind gut abschätzbar, die absoluten allerdings schwerer zu erkennen, es sei denn, die absoluten oder die relativen Zahlen sind eingetragen, was meist der Fall ist. Bei Vergleichen von zwei oder mehr Kreisdiagrammen wird die Fläche durch die Veränderung des Durchmessers dargestellt.

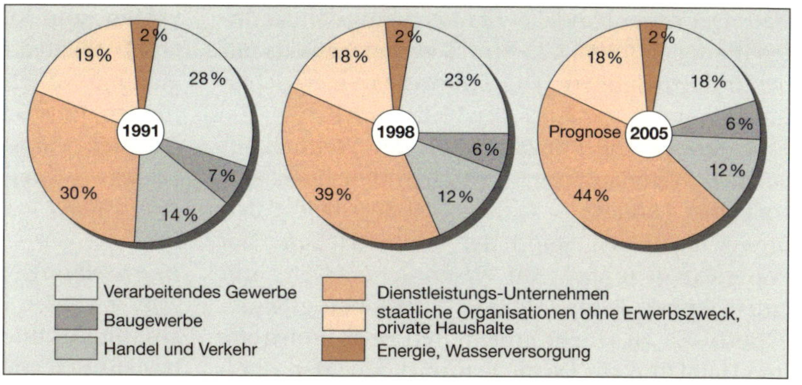

(Quelle: Geographie 12/13, S. 192)

Beispiel: Kreisdiagramme mit gleichem Durchmesser – hier: *Strukturmerkmale in Berlin – Anteile der Wirtschaftsbereiche am Bruttoinlandsprodukt*

Beschreibung: Die drei Kreisdiagramme zeigen das BIP 1991, 1998 und 2005 in der Prognose. Die sechs Bereiche sind mit Prozentangaben versehen. Das verarbeitende Gewerbe geht von 28 % (1991) auf 23 % (1998) bis auf 18 % (2005) zurück. Baugewerbe, Handel und Verkehr, Energie und Wasserversorgung sowie staatliche Organisationen ohne Erwerbszweck und private Haushalte verändern ihre Anteile kaum. Die größten Veränderungen ergeben sich bei den Dienstleistungs-Unternehmen, deren Anteil von 30 % auf 44 % steigt.

Erläuterung: Im verarbeitenden Gewerbe ist der Rückgang hauptsächlich auf die Schließung von Industriebetrieben in Ost-Berlin nach dem Beitritt der DDR zur Bundesrepublik Deutschland zurückzuführen. Die Zunahme des Dienstleistungsbereiches kennzeichnet den Strukturwandel, wie in anderen Großstädten auch, zu einer Dienstleistungsgesellschaft.

Beispiel: Kreisdiagramme mit unterschiedlichen Durchmessern – hier: *Handelsströme*

Beschreibung: Drei Ländergruppen sind mit Richtungspfeilen verbunden. Die Exporte der hoch entwickelten Länder fallen mit 3741 Mrd. $ am höchsten aus. Ihr Anteil am Welthandel beträgt rd. 69 %. Der größte Teil der Exporte, 73 %, wird im Warenhandel untereinander abgewickelt. Mit den Entwicklungsländern, die mit 1491 Mrd. $ einen Anteil von 25,5 % am Welthandel haben, findet nur ein verhältnismäßig geringer Austausch

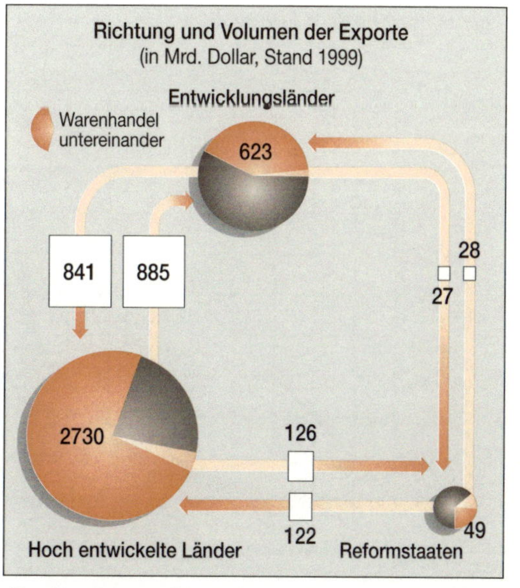

(Quelle: Geographie 12/13, S. 269)

statt. Der Warenhandel der Entwicklungsländer untereinander fällt mit 623 Mrd. $ geringer aus als mit den Industrieländern. Die Reformstaaten erreichen mit 199 Mrd. $ nur 3,6 % des Welthandels.

Erläuterung: Die Konzentration des Welthandels auf den Warenaustausch zwischen den hoch entwickelten Ländern (= Industrieländer) belegt den unterschiedlichen Stand der Weltwirtschaft. Der Warenexport umfasst im Wesentlichen Güter mit einem hohen Fertigungsgrad. Entwicklungsländer exportieren zu einem großen Teil noch Rohstoffe und Halbfabrikate. Da die Reformstaaten den Übergang von der Plan- zur Marktwirtschaft 1999 noch nicht abgeschlossen hatten, blieb ihr Anteil am Welthandel gering.

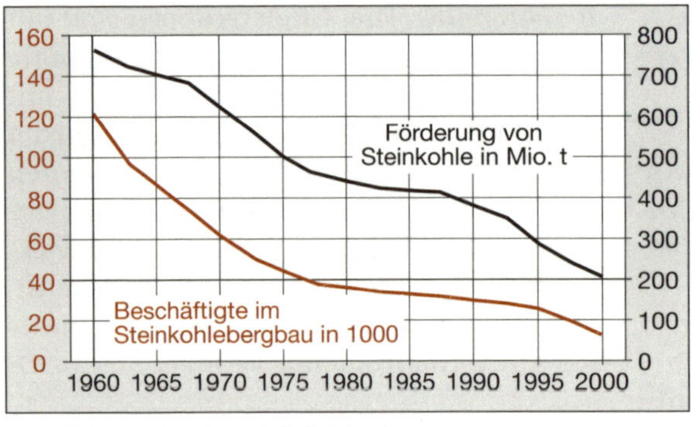

(Quelle: verschiedene Jahrbücher)

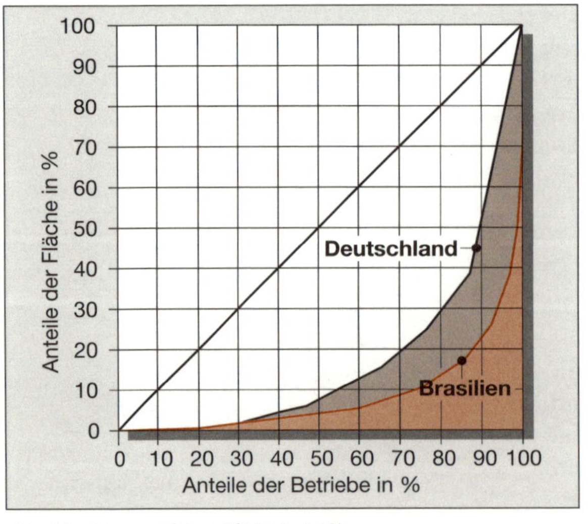

(Quelle: Geographie 12/13, S. 242)

Linien- und Kurvendiagramme veranschaulichen ebenso wie Säulendiagramme variable Abläufe, Veränderungen, Prozesse und Entwicklungen.

Beispiel: Kurvendiagramm mit zwei Kurven – hier: *Steinkohlebergbau in Deutschland – Förderung und Beschäftigte*

Beschreibung: Das Diagramm weist zwei y-Achsen mit unterschiedlichen absoluten Zahlen auf. Die linke Achse bezieht sich auf die Beschäftigtenzahl in 1000, die Maßeinheit der rechten Achse auf Mio. t. Die zeitliche Abgrenzung auf der x-Achse umfasst den Zeitraum von 1955 bis 2000. In diesem Zeitraum ist die Steinkohleförderung von 150 Mio. t auf 40 Mio. t jährlich zurückgegangen. Parallel dazu sank die Zahl der Beschäftigten von über 600 000 auf rd. 70 000.

Erläuterung: In den 1950er- und 1960er-Jahren war Steinkohle der Hauptenergieträger. Durch die Umstellung auf Heizöl und ab 1970 auf Erdgas verlor die Steinkohle an Bedeutung. Bei der Eisen- und Stahlherstellung ermöglichten neue Verfahren einen geringeren Kokseinsatz. Die „Stahlkrise“ und der Import billigerer Kohle aus Übersee verstärkten den Rückgang. Durch den Einsatz moderner Bergwerkstechnologie wurde die Schichtleistung je Bergmann erhöht, wodurch der Bedarf an Arbeitskräften zusätzlich gesenkt wurde.

Beispiel: Lorenzkurven (Konzentrationskurven) – hier: *Landwirtschaftliche Grundbesitzstruktur von Brasilien und Deutschland 1996*

Beschreibung: Die x- und die y-Achse beginnen bei 0 % und enden bei 100 %. Die Kurve für Brasilien liegt am weitesten von der Gleichverteilungsgeraden (Diagonale) entfernt. Nur 3 %

der landwirtschaftlichen Betriebe verfügen über rd. 60 % der Fläche. 70 % der Betriebe verfügen über eine Fläche von nur 10 %. Auch für Deutschland weicht die Kurve von der Gleichverteilungsgeraden ab, jedoch weniger als bei Brasilien. (Anmerkung: Bei einer Gleichverteilung würden 10 % der Betriebe 10 % Anteil an der Fläche haben, 20 % der Betriebe 20 % Anteil an der Fläche usw.)

Erläuterung: Die Bodenverteilung in Brasilien weist ein Ungleichgewicht zugunsten der Latifundien aus. Den wenigen Großbetrieben bis zu 10 000 ha und mehr steht die Masse der Minifundien gegenüber, die rd. 60 % der landwirtschaftlichen Betriebe ausmachen. Sie sind zu klein, um eine Familie ernähren zu können. Die Agrarreform erreichte die gesteckten Ziele nicht, da die Enteignung von Latifundien ein langwieriger Prozess ist. Auch die Ansiedlung von Familien, vorzugsweise im Norden und Nordosten auf enteigneten, unproduktiven Latifundienflächen, löste das Problem nicht. Die ungünstige Grundbesitzstruktur führte zu einer Landflucht. Der Push-Faktor wurde noch durch hohe ländliche Arbeitslosigkeit und ländliche Massenarmut verstärkt.

Kombinierte Diagramme veranschaulichen komplexe Sachverhalte und Zusammenhänge. Meist bestehen sie aus einer Kombination von Säulen- und Kurvendiagramm wie bei den Klimadiagrammen (siehe nächstes Kapitel 2.7).

Beispiel: kombinierte Diagramme Säule/Kurve – hier: *VAE – Erdölpreis und Fördermenge*

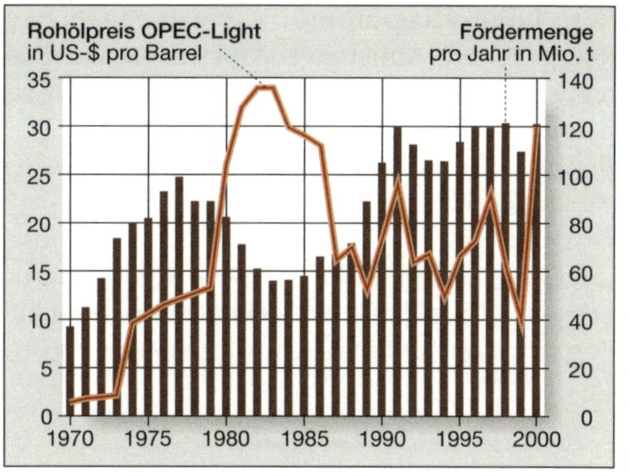

(Quelle: Geographie 12/13, S. 69)

Beschreibung: Die linke y-Achse bezieht sich auf den als Kurve dargestellten Rohölpreis, die rechte y-Achse auf die in Säulen dargestellten Fördermengen. Die x-Achse zeigt die Jahre von 1970 bis 2000. Von 1970 bis 1977 stieg die Fördermenge kontinuierlich auf 100 Mio. t/Jahr Der Rohölpreis schnellte ab 1973 nach oben auf 10 US-$ pro Barrel, stieg langsam weiter an und brach 1979 wieder nach oben aus. Er ereichte 1983 seinen Höchststand knapp unter 35 $/Barrel. 1989 wurde wieder der Preisstand von 1979 erreicht. Ab 1982 fiel die Fördermenge auf unter 60 Mio. t/Jahr. Ab 1990 wurde die Fördermenge auf 100 und 120 Mio. t/Jahr erhöht, obwohl der Preis starke Ausschläge nach oben und unten machte.

Erläuterung: Die Preisschübe bei den „Ölpreiskrisen" 1973 und 1979 brachten den VAE zusätzliche Einnahmen, obwohl die Fördermenge zwischen 1981 und 1989 zurückgefahren wurde. Zum großen Teil wurden die Erlöse für den Aufbau der Infrastruktur und für soziale Leistungen verwendet. Die Abhängigkeit vom Erdöl veranlasste die Emirate, ergänzend zur Erdölindustrie den Handel und den Tourismus auszubauen.

Korrelationsdiagramme veranschaulichen durch Punkte Abhängigkeitsbeziehungen. Das reine Punktediagramm stellt Größen in Bezug zu Raumeinheiten dar.

Beispiel: Korrelationsdiagramm – hier: *Arbeitsstunden pro Fahrzeug*

Beschreibung: Die Kategorieachse zeigt links „Schlanke Produktion", rechts „Massenfertigung herkömmlicher Art". Die y-Achse trägt die Bezeichnung „Durchschnittliche Arbeitsstunden je Personenwagen" und ist in Zehnerschritte von 0 bis 70 unterteilt. Acht Punkte markieren europäische Automobilwerke, deren Arbeitsstunden pro Pkw zwischen 39 und 50 liegen. Links sind drei dicht beieinander liegende Autowerke markiert. Die Arbeitsstundenzahl liegt bis auf NUMMI noch unter 20.

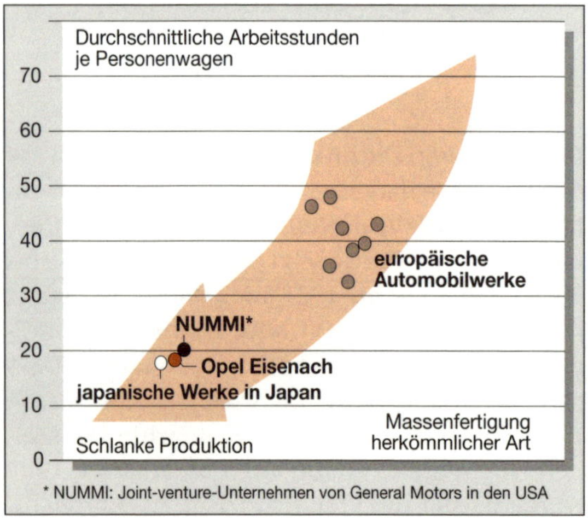

(Quelle: Geographie 11, S. 144)

Erläuterung: Das Diagramm verdeutlicht die aus Sicht der Autobauer zu vielen und kostenintensiven Arbeitsstunden in Europa. Die einzige Ausnahme bildet das Opelwerk in Eisenach. Es ist eines der modernsten Fertigungsstandorte der Welt und liegt nahezu gleichauf mit japanischen Werken. Der breite Pfeil weist auf den Trend zur „schlanken Produktion", d. h. auf eine Produktion mit so wenig Aufwand wie möglich, um die Wettbewerbsfähigkeit des Unternehmens zu erhalten.

Dreiecksdiagramme stellen die prozentuale Gruppierung von Werten nach jeweils drei typischen Eigenschaften dar. Sie werden zur Veranschaulichung des Anteils der Erwerbstätigen in den einzelnen Wirtschaftssektoren, für die Darstellung zeitlicher Ent-wicklungen und für die Typisierung von Ländern und Regionen verwendet. Grundlage für die Diagramme sind gleichseitige Dreiecke, deren Höhe 100 Prozent entspricht. Die Skala wird in der Regel außen abgetragen. Ein Punkt im Diagramm gibt an, aus welchen Werten sich die 100 Prozent zusammensetzen. Die Summe der Senkrechten, die von einem beliebigen Punkt im Innern des Dreiecks auf seine Seiten gefällt werden, ist konstant. Sie ist gleich der Höhe des Dreiecks. Die drei Summanden einer Summe lassen sich somit graphisch darstellen.

Beispiel: Dreiecksdiagramm – hier: *Anteil der Wirtschaftssektoren am Zustandekommen des Bruttoinlandsproduktes*

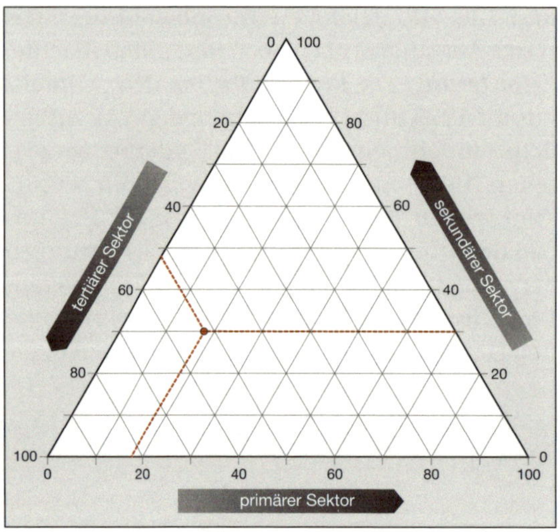

Beispiel für das Ablesen: Ägypten (primärer Sektor 18 %, sekundärer Sektor 30 %, tertiärer Sektor 52 %)

Beschreibung: Die Skala der unteren Seite des Dreiecks bezieht sich auf den primären Sektor, der rechten Seite auf den sekundären und der linken auf den tertiären Sektor. Es sind sieben Länder mit Punkten dargestellt. Die Werte ergeben für den primären, sekundären und tertiären Sektor: Ägypten 18, 30, 52; Frankreich 3, 29, 68; Ghana 49, 17, 34; Indien 32, 27, 41; Norwegen 3, 36, 61; Polen 6, 50, 44; Türkei 18, 34, 48.

Erläuterung: Je geringer der Abstand eines Länderpunktes zur Seite „tertiärer Sektor" ist, desto geringer ist der Anteil am primären Sektor. Ist der Abstand zur Seite „sekundärer Sektor" sehr hoch, fällt auch der Anteil des tertiären Sektors hoch aus. Es handelt sich folglich um ein hoch entwickeltes Land wie Frankreich oder Norwegen. Der Abstand des Länderpunktes Ghana von den Seiten sekundärer und tertiärer Sektor ist hoch. Der hohe Anteil am primären Sektor weist das Land als Entwicklungsland aus.

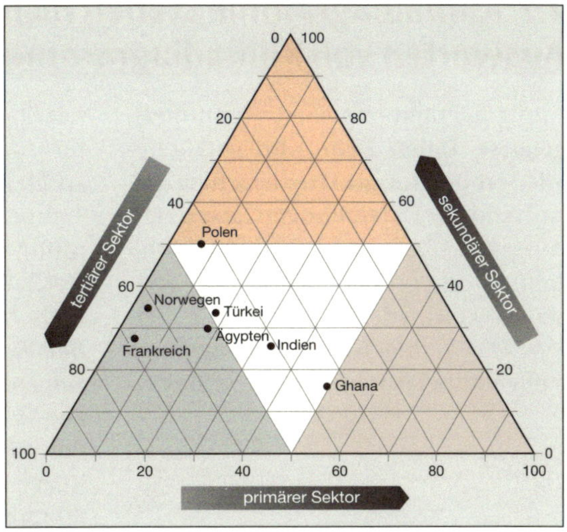

(Quelle: GEOS Wirtschaftsräume und Siedlungen, S. 242)

Strahlendiagramme zeigen mit Richtungspfeilen Mengen und Größen, die von einem Ort zum anderen gelangen. Achten Sie darauf, ob die Pfeile nur Bewegungen andeuten oder ob die Länge auch eine Bewegung in Zeiteinheiten angibt.

Beispiel: Strahlendiagramm – hier: *Berufspendler in der Region Saar-Lor-Lux/Trier*

Beschreibung: Die Pendlerströme sind mit Pfeilen dargestellt, deren Breite der Personenzahl entspricht. Die größte Zahl an Pendlern strebt von der Region Trier in das übrige Deutschland. Der absolut größte Pendlerstrom erreicht jedoch Luxemburg.

Erläuterung: Die Pendlerströme sind in Richtung des höheren Bruttoinlandsproduktes gerichtet. An erster Stelle steht Luxemburg. Lothringen hat als Zielgebiet keine Bedeutung, sondern gibt Arbeitskräfte ab. Auch das Saarland nimmt trotz

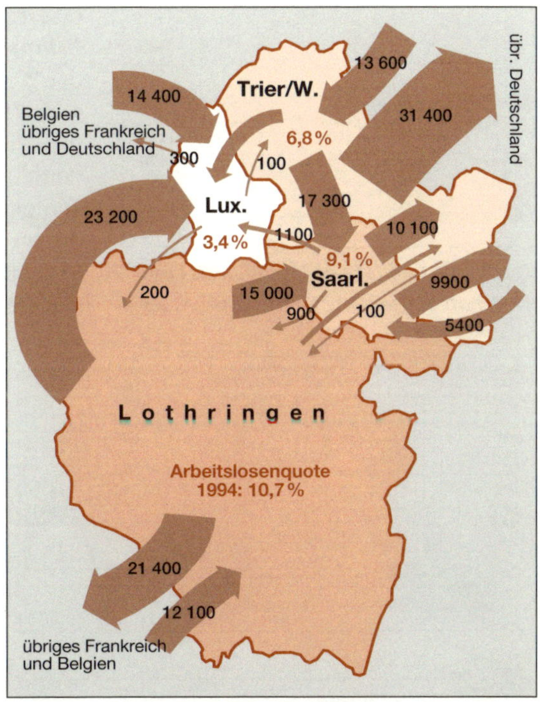

(Quelle: Geographie Grundkurs, S. 91

einer Arbeitslosenquote von 9,1 % noch rd. 32 300 Einpendler auf. Hier wirken alte Verhaltensmuster nach.

2.7 Klimadiagramme stehen nicht isoliert: Auswerten von Klimadiagrammen

Klimadiagramme stellen zusammengefasste Daten über Klimaelemente wie Temperatur und Niederschlag dar. Anhand der Darstellungen lassen sich Aussagen über ein bestimmtes Klima treffen, aber auch Vergleiche zwischen verschiedenen Klimaten anstellen. Das „einfache“ Klimadiagramm stellt Temperatur und Niederschlag einer Station dar. Detailreicher sind die nach H. Walter und H. Lieth benannten Klimadiagramme, die zusätzlich zu den langjährigen Monatsmitteln von Temperatur und Niederschlag noch die Bestimmung arider und humider Zeiträume ermöglichen. Deshalb werden sie als hygrothermische oder ökologische Klimadiagramme bezeichnet.

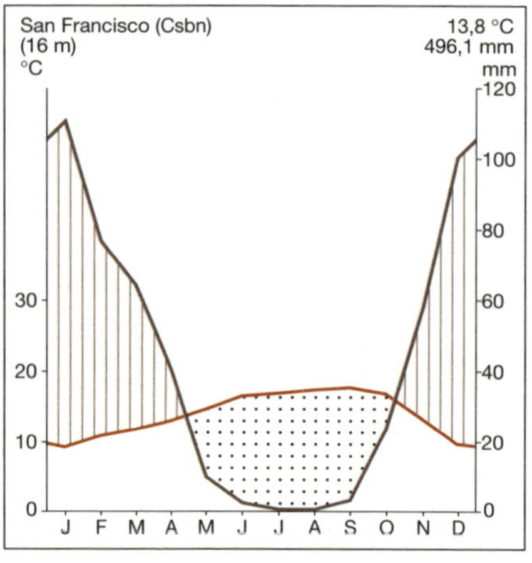

(Quelle: W. Klohn/H.-W. Windhorst: Landwirtschaft in den USA. Vechta 2000, S. 230)

Beispiel: Klimadiagramm nach Walter/Lieth – hier: *San Francisco*

Die Monatsmittel der Temperatur (untere Linie) und die mittleren monatlichen Niederschläge sind als Kurven dargestellt, letztere im Verhältnis 10 °C = 20 mm. Die humide Jahreszeit ist senkrecht schraffiert, die aride punktiert.

Beschreibung: Die Station zeigt zwei humide Jahreszeiten a) von Januar bis April/Mai, b) von Oktober bis Dezember. Die Trockenzeit umfasst 5 $^1/_2$ Monate.

Erläuterung: San Francisco liegt im Einflussbereich der Westwindzone. Damit gehört es in die subtropische Klimazone mit Winterregenklima. Die absoluten Niederschläge liegen unter 500 mm/Jahr und deuten auf Wasserdefizit hin. Die Temperaturen zeigen geringe thermische jahreszeitliche Unterschiede. Im Sommer macht sich der südwärts gerichtete kalte Kalifornienstrom bemerkbar, im Winter der warme, nordwärts gerichtete Davidsonstrom.

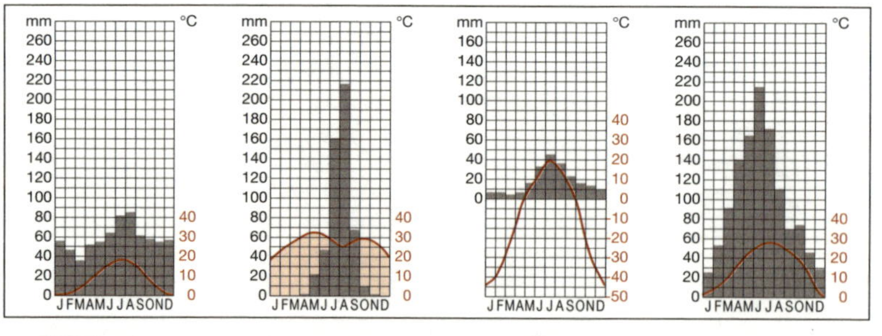

von links nach rechts: Hamburg, Sinder, Jakutsk, Wuhan

(zuordnen: ... liegt in der Tropenzone, warmgemäßigten Zone, kühlgemäßigten Zone, kaltgemäßigten Zone)

Empfehlung

Sie werden nicht umhinkommen, Klimadiagramme zu beschreiben und die jeweiligen klimatischen Gegebenheiten unter Berücksichtigung der planetarischen Zirkulation zu erklären. Machen Sie sich also mit den Klimazonen im Atlas vertraut. Führen Sie probehalber einen Selbsttest mit der Einordnung der vier Klimadiagramme oben durch. Was gehört zusammen?

Aufbau eines Klimadiagramms

Hinweise:
Beachten Sie, dass Niederschläge über 100 mm im Monat gestaucht, d. h. verfünffacht dargestellt werden. Zum Teil haben sie eine dunklere Farbe als die Säulen bis 100 mm. Berücksichtigen Sie bei der Interpretation die Höhenangabe. So vermeiden Sie falsche Schlussfolgerungen bei der Zuordnung zu einem Klimatyp (z. B. ozeanisches Klima oder Gebirgsklima). Wenn die Lage im Gradnetz nicht angegeben ist, vergewissern Sie sich, ob die Station auf der Nord- oder der Südhalbkugel liegt. Schlagen Sie notfalls im Atlas nach. Bei Vergleichen sollten Sie auf die Skaleneinteilungen achten.

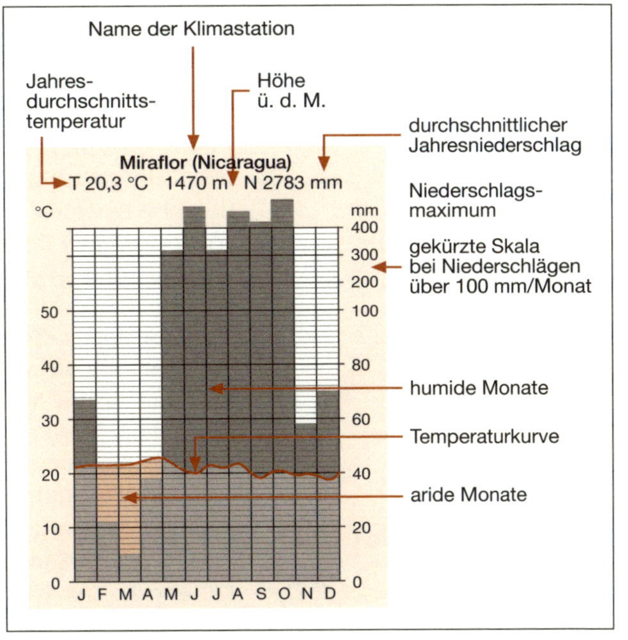

(Quelle: Geographie 12/13, S. 38)

Arbeitsschritt 1: EINLESEN IN DAS KLIMADIAGRAMM
Ziel: Sie überprüfen die formalen Aspekte.
a) Wo liegt die Station? Welche Höhenlage hat sie?
b) Wie hoch ist die Jahresdurchschnittstemperatur, wie hoch der Jahresniederschlag?

Arbeitsschritt 2: BESCHREIBEN DES KLIMADIAGRAMMS
Ziel: Sie nehmen eine Analyse der Temperaturen und Niederschläge vor.
a) Welche Maximal- und Minimalwerte der Temperaturkurve liegen vor?
➢ Sie beschreiben den Verlauf der Temperaturkurve und ermitteln die Amplitude.
b) Welche Niederschlagswerte sind angegeben?
➢ Sie nennen die Werte für jeden Monat, ermitteln die Minima und Maxima und äußern sich zur Niederschlagsverteilung in den Jahreszeiten.

Arbeitsschritt 3: ERLÄUTERN DES KLIMADIAGRAMMS
Ziel: Sie charakterisieren das Klima.
a) Welche Klimazone und welcher Klimatyp werden angesprochen?
➢ Sie ermitteln die Klimazone und den Klimatyp (mithilfe des Atlas).
b) Wie sind die klimatischen Verhältnisse zu begründen?
➢ Sie erörtern den Zusammenhang zwischen räumlicher Lage, Höhenlage, Relief, atmosphärischer Zirkulation, Meeresströmungen.
c) Welche Folgen ergeben sich für weitere Geofaktoren?
➢ Sie stellen Bezüge her zu der Vegetationszone, zu den Auswirkungen auf Besiedlung, Landwirtschaft, Wasserhaushalt, Tourismus usw.

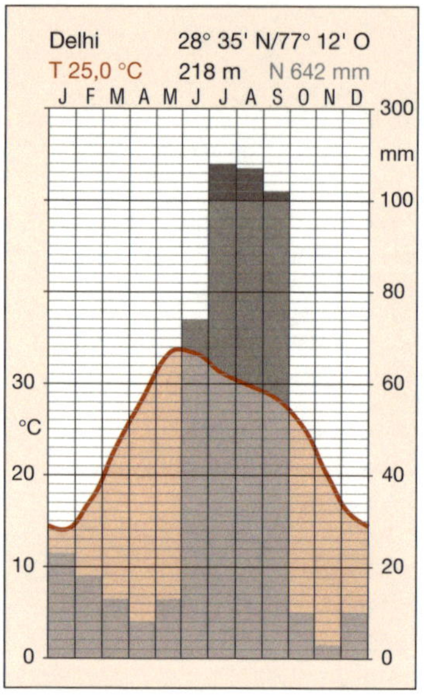

(Quelle: Entwicklungsländer, S. 22)

Beispiel: Klimadiagramm – hier: *Delhi (Indien)*

Beschreibung: Die Temperaturkurve zeigt Ende Mai den höchsten Wert mit 34 °C. Das Minimum wird Januar/Dezember mit 14 °C erreicht. Der Jahresmittelwert beträgt 25 °C, die Amplitude 20 °C. Die Niederschläge betragen im langjährigen Mittel 642 mm und erreichen ihre Höchstwerte in den Monaten Juli (180 mm), August und September, ihre niedrigsten Werte von Januar bis Mai und von Oktober bis Dezember. Die Klimastation Delhi, die 5 Breitengrade nördlich des nördlichen Wendekreises liegt, hat drei Jahreszeiten.

Erläuterung: Am 22. Juni steht die Sonne am nördlichen Wendekreis im Zenit. Nördlich des Wendekreises hat sich im nordwestlichen Indien ein Hitzetief gebildet. Von Februar bis Ende Mai steigt die Temperatur bei abnehmenden Niederschlägen stetig an. Die heiß-trockene Jahreszeit wird ab Juni für vier Monate durch die etwas kühlere, aber schwüle Regenzeit abgelöst. Grund ist der Südwestmonsun, der durch die nordwärts gerichtete Verlagerung der ITC feuchte Luftmassen über den Indischen Ozean transportiert. Die drei Monate vor dem Einsetzen der Regenfälle werden auch als Vormonsun bezeichnet, die drei Monate danach als Nachmonsun. Die dritte und kühlere Jahreszeit (Winterzeit) fällt in die Monate November bis Februar. Ursache ist der Nordostmonsun. Im Winterhalbjahr hat sich die ITC auf die Südhalbkugel verlagert. Über Asien liegt ein Kältehoch, aus dem eine kalte Nord-Ost-Strömung Richtung Indien fließt. Die Klimastation liegt an der Grenze zwischen warmgemäßigter Subtropenzone und Tropenzone. Das rechtzeitige Einsetzen des Sommermonsuns mit ausreichend Niederschlägen ist für die Landwirtschaft, aber auch für die Auffüllung der Wasserreservoire von existentieller Bedeutung.

Beispiel: Niederschlagsdiagramm in Vergleichsjahren – hier: *Abweichungen der Niederschläge vom langjährigen Mittel in Ziguinchor* (12° 35′ N, 16° 16′ W, 10 m ü. NN; Senegal)

Beschreibung: Das langjährige Mittel betrug 1500 mm/Jahr. Starke Abweichungen nach oben gab es mit kurzen Unterbrechungen von 1922 bis 1967. Die Abweichungen nach unten traten in allen Jahrzehnten auf, verstärkt jedoch von 1968 bis 1992 mit Ausnahme von 1969 und 1978 jedes Jahr, im Extremfall 1980 sogar bis unter die Hälfte des langjährigen Mittels.

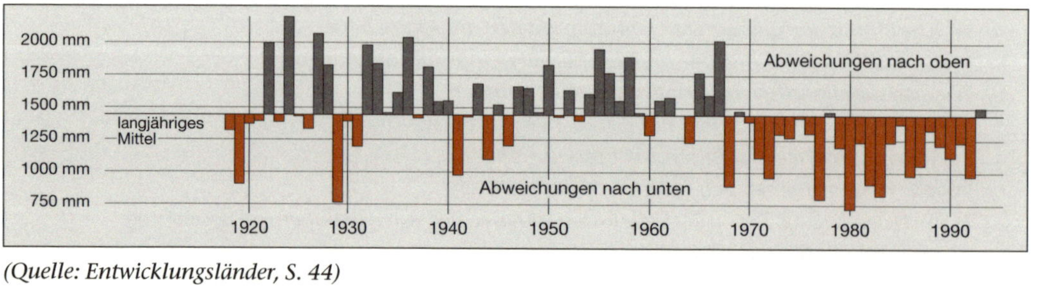

(Quelle: Entwicklungsländer, S. 44)

Erläuterung: Ziguinchor liegt in der Tropenzone der subsaharischen Sahelzone und wird durch Feuchtsavannenklima geprägt. Die höchsten Niederschläge fallen im Sommer und werden durch den aus Südwest wehenden Sommermonsun verursacht. Die Klimastation markiert den südlichen Rand der Sahelzone, die von periodisch auftretenden unterdurchschnittlichen Jahresniederschlägen bestimmt wird. In Trockenjahren fehlen während der Aussaat- und Wachstumszeit die für eine ausreichende Ernte erforderlichen Niederschläge.

Thermoisoplethendiagramme veranschaulichen die Wärmeverhältnisse in einer kombinierten Darstellung vom tages- und nachtzeitlichen Gang der Temperatur [*therm* = warm, *Isoplethen* = Linien gleicher Werte, die von zwei weiteren Größen abhängen]. Sie können an einem Thermoisoplethendiagramm die tages- und jahreszeitlichen Temperaturwerte ablesen und für die Station angeben, ob sie durch ein Tageszeiten- oder Jahreszeitenklima geprägt wird. Bei einem Tageszeitenklima sind die täglichen Temperaturunterschiede größer als im jährlichen Temperaturverlauf. Bei einem Jahreszeitenklima sind die jährlichen Temperaturunterschiede größer als die täglichen. Isothermen, d. h. die Linien gleicher Temperatur, kennen Sie von den Klimakarten im Atlas.

Beschreibung: a) Tagesdurchschnittstemperaturen um 12 Uhr: Jan 30 °C, Feb 32 °C, Mär 37 °C, Apr 41,5 °C, Mai 43,4 °C, Jun 42 °C, Jul 40 °C, Aug 38,5 °C, Sep 39,5 °C, Okt 39 °C, Nov 36 °C, Dez 30 °C.

b) Tagesgang der Temperaturen Ende August/Anfang September: 0 Uhr 23 °C, 3 Uhr 25 °C, 6 Uhr 25,5 °C, 9 Uhr 31 °C, 12 Uhr 37 °C, 15 Uhr 39 °C, 18 Uhr 34 °C, 21 Uhr 29,5 °C.

Erläuterung: Da die Isothermen weitgehend parallel zur Monatsachse verlaufen, handelt es sich um ein Tageszeitenklima. Timbuktu liegt in der Tropenzone und wird durch Trockensavannenklima geprägt.

Aufbau eines Thermoisoplethendiagramms

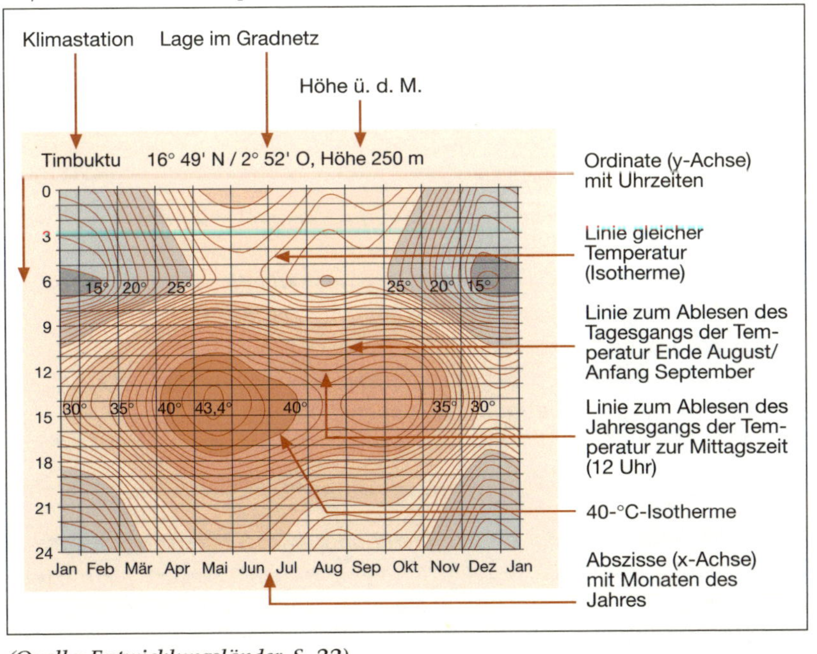

(Quelle: Entwicklungsländer, S. 22)

Hinweis:
Verwenden Sie für die Auswertung des Thermoisoplethendiagramms ein Lineal oder ein Geodreieck. Legen Sie es waagerecht an, können Sie die Durchschnittstemperaturen in den Monaten des Jahres ablesen. Legen Sie es senkrecht an, erkennen Sie den Tagesgang der Temperaturen.

2.8 Bilder sprechen für sich – aber was sagen sie aus?

Wenn Sie jetzt lesen, dass Bilder eine zweidimensionale Darstellung eines Wirklichkeitsausschnittes sind, erfahren Sie nichts wirklich Neues. Schließlich kennen Sie die schlichte Bildbeschreibung mit Vordergrund, Mittelgrund, Hintergrund schon seit der 5. Klasse. Da es sich aber bei einem Bild um einen Ersatz für die originale Raumerfassung handelt und Bilder auch in Klausuren und mündlichen Prüfungen präsentiert werden, ist die Anwendung eines Interpretationsschemas durchaus sinnvoll.

Arbeitsschritt 1: ANNÄHERN AN DEN BILDINHALT

Ziel: Sie orientieren sich und erkennen die räumlichen Elemente.

a) Um welches Thema handelt es sich?

b) Welche Hinweise gibt die Überschrift?

c) Wie ist das Bild gegliedert?

➢ *Sie bestimmen Lage und Größe des Raumes und gliedern das Bild in Bereiche (Vordergrund, Hintergrund, links, rechts, zentral).*

Arbeitsschritt 2: BESCHREIBEN DES INHALTS

Ziel: Sie erfassen Einzelheiten und Gesamtaussagen und setzen sie sprachlich oder schriftlich um.

a) Welche Bildelemente lassen sich feststellen?

➢ *Sie unterscheiden nach Landschaftselementen (Siedlungen, Agrar-, Industrieflächen) und ordnen sie nach ihrer Verteilung und ihren Funktionen.*

b) Welche Vorgänge sind im Bild dargestellt?

➢ *Sie beschreiben Vorgänge, Prozesse, Aktivitäten (z. B. Produktionsabläufe in der Industrie, Menschen bei der Arbeit).*

c) Welche Zusammenhänge und Gesetzmäßigkeiten bestehen zwischen den Bildelementen?

➢ *Sie setzen Einzelerscheinungen zueinander in Beziehung (z. B. verschiedene physiognomische Erscheinungen einer Stadt, Höhenstufen und Vegetation).*

Arbeitsschritt 3: ERLÄUTERN DES BILDES

Ziel: Sie erklären die räumlichen Bezüge bzw. Sachverhalte.

a) Welche natur- und/oder kulturlandschaftlichen Ursachen können angeführt werden?

➢ *Sie zeigen funktionale Zusammenhänge auf (z. B. Stadterneuerung und Fußgängerzonen), geben Gründe für Abhängigkeit an (z. B. Klima und Bewässerung), erläutern erkennbare Entwicklungen (z. B. ökologische Folgen des Raubbaus am tropischen Regenwald).*

b) Wie kann die Bildaussage noch ergänzt werden?

➢ *Sie stellen Ihre Erklärung in einen größeren Zusammenhang (z. B. Verhältnis Landwirtschaft – Erwerbsstruktur, Vergleich mit dem Heimatraum oder anderen Räumen).*

Empfehlung

Nicht jede Abiturklausur bietet Ihnen Farbbilder zur Interpretation. Achten Sie deshalb besonders bei Luftbildern und Satellitenaufnahmen auf die Grauabstufungen. Fertigen Sie vor der Interpretation eine Skizze an, die Sie auch beschriften. Die Skizze gibt Ihnen bei der mündlichen oder schriftlichen Darstellung eine zusätzliche Hilfe.

(Quelle: Geographie 12/13, S. 32)

Beispiel: Fotos als Grundlage für eine Textinterpretation –
hier: *Indonesien a) Reisterrassen, b) Bauer mit Büffel, c) moderner Bauer mit „eisernem Büffel"*

Anmerkung: Auf den Textabdruck wird hier aus Platzgründen verzichtet. Der Arbeitsauftrag verlangt die Erläuterung der Bedeutung von Reis für Indonesien. Bei der Interpretation sollen Sie erkennen, dass der Terrassenanbau raumprägend und auch bei Maschineneinsatz arbeitsintensiv ist, somit auch heute das Leben in den Dörfern bestimmt.

Beispiel: Schrägluftbild – hier: *Potsdamer Platz*
(Quelle: Erdkunde Berlin 10, Titelfoto)

Beschreibung: (empfehlenswert mithilfe des Atlas)
Der Bildausschnitt erfasst einen Teil von Berlin-Mitte. Von der unteren Bildecke rechts erstreckt sich das DaimlerChrysler Areal Richtung Bildmitte. Von dem schmalen hohen Bürogebäude rechts mit dem aufgesetzten Würfel ziehen sich bis zum nächsten Hochhaus die Potsdamer Platz Arkaden.
Das Kuppeldach markiert das Imax-Kino, das mit der Spielbank den Marlene-Dietrich-Platz beherrscht. Das Hochhaus am Ende der Arkaden und das Hochhaus links gegenüber stehen an der Einmündung der Alten Potsdamer Straße in den Potsdamer Platz. Nach rechts schließt sich der Leipziger Platz an. Diagonal nach links zweigt die Ebertstraße ab, im Bogen nach rechts die Stresemannstraße. Auf der linken Bildseite führt die sechsspurige Neue Potsdamer Straße halbkreisförmig zum Gebäudekomplex des Sony Centers, erkennbar an dem Zeltdach. Der Büroturm rechts davon gehört ebenfalls zum

Sony Center und wird von der Deutschen Bahn AG genutzt. Links vom Büroturm schließt sich vor dem Tiergarten die Baustelle des Beisheim-Centers an.

Erläuterung: Der Potsdamer Platz war bis zum Fall der Mauer Ödland. Die Bebauung des gesamten Platzes und seiner Umgebung erfolgte auf drei Teilflächen. Das DaimlerChrysler-Areal folgt dem Konzept der alten Berliner Blockstruktur. Es umfasst zehn neue Straßen und 19 Bauten, davon zwei Hochhäuser. Die Nutzung erstreckt sich auf Büroflächen, großflächigen Einzelhandel und Freizeiteinrichtungen. Besondere Anziehungspunkte in der Daimler City sind die Shopping Mall (Arkaden) mit 120 Geschäften und mehr als 20 Restaurants sowie der Marlene-Dietrich-Platz mit Musical-Theater, Imax-Kino und Spielbank.

Die Bebauung des Sony-Areals folgte einem anderen städtebaulichen Konzept. Im Gegensatz zum DaimlerChrysler-Areal dominieren an den sieben Gebäuden Stahl und Glas. Höchstes Gebäude ist das 103 m hohe gläserne Hochhaus am Potsdamer Platz. Das Zentrum wird von dem Forum, einem 4000 m^2 großen und überdachten Platz eingenommen. Es bildet einen öffentlichen Stadtraum mit einem Entertainment Center.

Das dritte Areal wird vom Beisheim-Center nordöstlich des Sony Centers eingenommen und folgt dem Konzept der verdichteten Stadt nach US-amerikanischem Vorbild. Es besteht aus drei Gebäudekomplexen, einem 70 m hohen Turmhaus direkt am Potsdamer Platz mit Hotel und „Tower Apartments“ sowie zwei Bürogebäuden, einem weiteren Hotel und Wohnungen.

Beispiel: Luftbild –
hier: *Strukturfelder in Nebraska*
(Quelle: Geographie 12/13, S. 22)

Beschreibung: Deutlich zu erkennen sind die parallel verlaufenden dunklen Anbauflächen und die helleren Brachflächen. Im unteren Bildausschnitt links und zweimal auf der rechten Bildseite weichen die rechteckigen Feldflächen von dem Grundmuster ab, ebenso am oberen Bildrand mit zwei Kreisflächen.

Erläuterung: Das Schrägluftbild zeigt landwirtschaftliche Flächen im Mittelwesten der USA. Der streifenförmige Anbau von Feldfrüchten wird als *strip farming* bezeichnet, das Pflügen parallel zu den Höhenstufen als *contour ploughing*. Grund dafür sind die Erfahrungen aus den 1930er-Jahren, als falsche Feldbewirtschaftung und Dürren Staubstürme verursachten und zu enormen Erosionsschäden führten.

Ein nationales Bodenschutzprogramm wurde aufgelegt, um weitere Bodenerosionen zu verhindern. Statt eines Anbaus auf großen Flächen, der die Wasser- und Winderosion begünstigte, wurden verschiedene Kulturpflanzen in parallelen Streifen angebaut. Zwischen den bebauten Streifen ließ man Flächen brachliegen. Die gesamte Anbaufläche blieb damit zu keinem Zeitpunkt des Jahres ohne schützende Pflanzendecke.

2.9 Karikaturen – „not just for fun“

Die zeichnerische, oft übertriebene und satirische Darstellung eines Sachverhaltes ist ein probates Mittel, gesellschaftliche Zustände schnell erfassbar zu machen. Wenn Sie die Tageszeitung lesen – ein Muss für jeden Abiturienten – wird Ihnen jeden Tag eine Karikatur zu einem aktuellen Thema präsentiert.

Karikaturen sind Momentaufnahmen und fordern Sie auf, sich einem Problemkreis in seiner ganzen Komplexität zu widmen. Der Vorteil besteht darin, dass oftmals schwierige Zusammenhänge anschaulich und kritisch auf das Wesentliche reduziert werden. Häufig wird auch ein emotionaler Bezug hergestellt, um Sie zu sensibilisieren und an ein Thema heranzuführen oder um sich intensiver damit zu beschäftigen.

Dadurch schaffen Karikaturen ein Problembewusstsein. Sie bergen aber auch die Gefahr, dass sie durch ihre Überzeichnung und Vereinfachung Vorurteile bestätigen oder sogar fördern können.

Arbeitsschritt 1: „LESEN“ DER KARIKATUR

Ziel: Sie erfassen den Gesamteindruck.

a) Was sehen Sie? Was wird dargestellt (Problem, Thema)?

b) Welche Intention verfolgt die Karikatur?

Arbeitsschritt 2: BESCHREIBEN DER BILDELEMENTE

Ziel: Sie nennen die Einzelheiten und setzen sie zueinander in Beziehung.

a) Wie ist die Karikatur aufgebaut?

- *Sie stellen fest, was im Mittelpunkt steht (Sachverhalt, Personen), und beschreiben anschließend die randlichen Erscheinungen.*

b) Enthält die Karikatur Textaussagen (Sprechblasen, Unterschriften)?

- *Sie zitieren den Text und ordnen ihm eine Funktion zu (ergänzend, erläuternd, provozierend, Widersprüche formulierend).*

Arbeitsschritt 3: ERLÄUTERN DER KARIKATUR

Ziel: Sie problematisieren die einzelnen Bildelemente und leiten die Gesamtproblematik ab.

a) Wie sind die einzelnen Bildelemente zu interpretieren?

- *Sie greifen auf Ihre Beschreibung zurück und analysieren die Einzelelemente, am einfachsten in Tabellenform (links die Bildelemente, rechts die Interpretation).*

b) Welchen Gesamtzusammenhang (Gesamtproblematik) spricht die Karikatur an?

- *Sie erläutern den Entstehungszusammenhang sowie die Hintergründe und Anlässe (physisch-geographisch, ökologisch, sozial, sozialräumlich, politisch, historisch).*

c) Welche Inhalte stellt die Karikatur besonders heraus?

- *Sie weisen auf den Schwerpunkt hin und äußern sich abschließend zu den Absichten des Karikaturisten.*

Anmerkung: In die Bewertung kann mit einfließen, ob die Karikatur das Thema angemessen, verfälschend, polemisierend oder sogar beleidigend darstellt. Sie sollten auch festhalten, inwieweit Sie für sich Bezüge zur eigenen Lebenssituation ableiten können.

Beispiel: Disparitäten und Ungerechtigkeit in der „Einen Welt“

(Quelle: Geographie 12/13, S. 8)

Beschreibung: Links schiebt eine ärmlich gekleidete Frau einen geflickten Kinderwagen, an ihrer Seite drei Kinder. Rechts verlässt ein älteres, gut gekleidetes Ehepaar, sie mit Halskette, er mit einem Teppich auf der Schulter, den Supermarkt. Einkaufstasche und Einkaufswagen sind übervoll. Das Ehepaar sieht seine Vorurteile bestätigt: „Die Ärmsten erlauben sich den größten Luxus.“

Erläuterung: Die Karikatur verdeutlicht die zentralen Merkmale von Industrie- und Entwicklungsländern. Sie lassen sich an den Gegensatzpaaren reich-arm, alt-jung, kinderlos-kinderreich festmachen. Die Bildaufteilung, über die Hälfte auf die „Reichen“ bezogen, verstärkt den Eindruck von einer ungleichgewichtigen Verteilung. Der Begriff Luxus wird in Verkennung der tatsächlichen Gegebenheiten in einer abschätzigen Form verwendet, obwohl er nur den eigenen Lebensstandard reflektiert.

Beispiel: Energie – Grundlage unseres Wohlstands

„So leben wir, so leben wir, so leben wir alle Tage …“

(Quelle: Berlin 11. Lösungen, Anregungen, Kopiervorlagen)

Beschreibung: Drei Matrosen auf See zersägen unbekümmert die Baumstämme ihres Floßes, zerhacken das Holz und verfeuern es. Das Meer im Hintergrund ist ruhig, die Sonne ist bereits zur Hälfte unter den Horizont gesunken. Die drei Männer stimmen wohlgemut das Lied an: „So leben wir, so leben wir, so leben wir alle Tage …“

Erläuterung: Die Männer zerstören im wahrsten Sinne des Wortes die Grundlage ihrer Existenz. Ihr Lied verweist gegenüberstellend auf die zeitliche Begrenztheit ihres Handelns, während die untergehende Sonne die Endlichkeit der Ressourcen symbolisiert. Auf die Nutzung der Sonnenenergie wird in diesem Zusammenhang kein Bezug genommen. 2003 wurden in Deutschland Primärenergieträger zu 87 % aus dem Bereich fossiler Rohstoffe verwandt. Fossile Energierohstoffe sind nicht erneuerbar und haben nur eine begrenzte Lebensdauer. Werden Rohstoffe in der verarbeitenden Industrie eingesetzt, so bleiben sie im Prinzip erhalten. Sie können deshalb – zumindest teilweise – recycled werden. Energierohstoffe wie Erdöl und Erdgas sowie Stein- und Braunkohle werden jedoch verbrannt, um die enthaltene Energie als Wärme nutzen zu können, und damit verbraucht. Dieser Umstand müsste eigentlich zum Umdenken in der Energiepolitik führen, d. h., es müsste der Energieverbrauch gedrosselt und versucht werden, fossile Primärenergieträger durch sich erneuernde Energiequellen zu ersetzen.

2.10 Referate: Übung macht den Meister

Mit einem Referat liefern Sie den Nachweis, dass Sie wissenschaftlich arbeiten können. Sie verfügen über genügend Fach-, Methoden- und Darstellungskompetenz, um einen geographischen Sachverhalt motivierend, logisch gegliedert und anschaulich vorzutragen. Da Sie sich mit dem Inhalt identifizieren, können Sie das Thema verständlich und interessant aufbereiten. Bei dieser Art von Leistungskontrolle wird bei der Bewertung zwischen inhaltlicher und darstellerischer Bewältigung unterschieden. Sie werden Referate im Rahmen des Kursfaches halten und stellen jetzt vielleicht die Frage nach dem Bezug zum Abitur.

Bei der mündlichen Prüfung (→ Kapitel „Das mündliche Abitur – Vorbereitung, Vortrag, Prüfungsgespräch") werden Sie auf Ihre Fähigkeit, einen Vortrag zu halten, zurückgreifen müssen. Je öfter Sie also in der Sekundarstufe II Referate halten, desto leichter wird Ihnen diese „Übung" im mündlichen Abitur fallen.

Arbeitsschritt 1: VORARBEIT

- *Sie sprechen die **Themenstellungen** mit Ihrem/Ihrer Kurslehrer/-in ab. Sie müssen sich entweder selbst um die Materialbeschaffung kümmern oder erhalten zum Thema Material (z. B. aus dem Schulbuch oder einer geographischen Fachzeitschrift). Falls Sie zusätzlich noch recherchieren müssen (Bibliothek, Internet), notieren Sie alle Quellenangaben. Legen Sie aber keine Stoffsammlungen an, die Sie nachher nicht mehr überblicken, sondern trennen Sie bereits nach Wichtigem und Unwichtigem.*
- *Sie nehmen jetzt eine erste **Gliederung** vor. Vermerken Sie die Hauptgedanken in Stichwörtern und wählen Sie geeignetes Anschauungsmaterial aus.*
- *Denken Sie auch schon über den Einstieg nach. Sie wissen bereits: Motivierend soll er sein und problemorientiert.*

Arbeitsschritt 2: AUSARBEITUNG

- *Bevor Sie in einem ersten Arbeitsgang Ihr Referat aufschreiben, stellen Sie sich einige **Leitfragen,** die Sie vor möglichen Umwegen bewahren:*
  Was wollen Sie darlegen, erläutern oder beweisen?
  Welche Begriffe müssen Sie einbringen und notfalls näher erläutern?
  Welches Material aus der Stoffsammlung ist für Sie am besten zu verwenden?
  Wie erzielen Sie die höchste Stufe der Anschaulichkeit ohne „Medienterror"?
  Welche Thesen, Argumente, Zitate oder Beispiele müssen Sie an welcher Stelle einfügen?
  Wo sind Zwischenergebnisse oder Kurzzusammenfassungen unbedingt erforderlich?
- *Machen Sie sich einen **Zeitplan** für die einzelnen Blöcke.*
- *Schreiben Sie Ihr Referat auf. Markieren Sie am Rand den Zeitplan und die Stellen, an denen Sie Anschauungsmaterial einsetzen wollen.*
- *Lesen Sie sich das Referat selbst laut vor und überprüfen Sie die gedankliche Logik (Ist der „rote Faden" erkennbar?) und die Zeiteinteilung.*
- *Fertigen Sie aus dem schriftlichen Referat eine gegliederte Stichwortsammlung an. Markieren Sie farbig die Schlüsselwörter nach ihrer Gewichtung.*
- *Üben Sie den Vortrag in freier Rede. Zeichnen Sie ihn auf und kontrollieren Sie anschließend Ihre mündliche Präsentation. Wagen Sie einen weiteren Durchgang.*

Arbeitsschritt 3: DURCHFÜHRUNG

- *Sie überprüfen vorher, ob alle Geräte, die Sie einsetzen möchten, auch richtig funktionieren. Sie besorgen auch eine Wandkarte und legen für sich bunte Kreide bereit, falls Sie ein Tafelbild erstellen wollen. (In der mündlichen Abiturprüfung sind hierfür die Lehrkraft und der Hausmeister zuständig.)*
- *Sie tragen Ihr Referat vor. In Sichtweite haben Sie Ihre Aufzeichnungen liegen. Vergessen Sie nicht den Blickkontakt zu den Zuhörern. Bemühen Sie sich – wie Sie es schon bei der Ausarbeitung geprobt haben – um kurze Sätze. Das gesprochene Wort wirkt anders als eine schriftliche Darstellung. Um richtig zu zitieren, informieren Sie sich im Kapitel „Textinterpretation". Vergessen Sie nicht die Zwischenergebnisse und die abschließende Zusammenfassung. Zwecks Zeitkontrolle legen Sie Ihre Armbanduhr auf den Tisch.*
- *Wenn Sie die Tafel, die Wandkarte oder den Overhead-Projektor benutzen, kehren Sie dem Publikum nicht den Rücken zu.*

Anmerkung: Sie können vor dem Referat ein Thesenpapier verteilen, das die Gliederung Ihres Referates enthält. Alternativ legen Sie eine vorbereitete Folie auf den Overhead-Projektor und erläutern Ihre Vorgehensweise. Im mündlichen Abitur werden Sie von diesen Möglichkeiten allerdings kaum Gebrauch machen. Nach dem Vortrag (nicht vorher wegen der geteilten Aufmerksamkeit) können Sie eine schriftliche Kurzfassung an die Kursteilnehmer/-innen ausgeben. Wenn alle sich auf dieses Verfahren einigen, bauen Sie im Laufe der Zeit einen Fundus auf, aus dem Sie später schöpfen können.

Empfehlung für die Gestaltung visueller Hilfsmittel

*Die **Folie**. Achten Sie auf ein einheitliches Design. Jede Folie sollte nur eine Sinneinheit enthalten. Begrenzen Sie deshalb die Informationsmenge auf einer Folie. Wenn Sie mehrere Folien nacheinander zeigen, achten Sie auf die gleiche Platzierung wiederkehrender Elemente. Setzen Sie Farben zur Hervorhebung und Strukturierung ein, aber übertreiben Sie nicht. Gliedern Sie Ihre Folien durch Über- und Zwischenüberschriften. Auch Rahmen und Linien tragen zur Verdeutlichung der Struktur bei.*

*Bei reinen **Textfolien** müssen Sie die Lesbarkeit gewährleisten. Wenn Sie den Text mit dem PC entwerfen, geben Sie für Überschriften 40 Punkt ein. Der eigentliche Text sollte mit wenigstens 24 Punkt geschrieben werden. Vermeiden Sie lange Texte, acht Zeilen mit Stichwörtern reichen aus. Ziehen Sie eine Folie nicht zu schnell weg, damit der Eindruck noch etwas nachwirken kann. Hat die Folie ihren Zweck erfüllt, schalten Sie den Projektor aus.*

*Die **Power-Point-Präsentation**. Verzichten Sie auf Effekthascherei. Im Mittelpunkt steht Ihr Vortrag, nicht das Medium. Setzen Sie keine unnötigen Soundeffekte ein. Effektvoll gestaltete Übergänge von einer Folie zur anderen wie Kreuzblenden, Zoom als Wegfahrt oder Ranfahrt, aber auch Fahrten von rechts nach links und umgekehrt, von oben nach unten oder von unten nach oben lenken eher von Thema ab, genauso wie animierte Cliparts. Auch hereinfliegende Sprechblasen erhöhen nicht den Informationsgehalt. Setzen Sie Farben gezielt als Informationsträger ein, nicht zur Dekoration. Denken Sie bei der Vorbereitung daran, dass Sie keine Multimediashow veranstalten wollen.*

3.0 Vorarbeit und Durchführung

Abiturklausuren bilden den Höhepunkt Ihrer schulischen Laufbahn. Mit der Erdkunde-Klausur können Sie nun belegen, inwieweit Sie in der Lage sind, mit geographischen Quellen selbstständig umzugehen sowie Inhalte und Probleme sachgemäß zu beurteilen. Da Klausuren auch vorher schon fester Bestandteil des Oberstufenunterrichts sind, sollten Sie das folgende Raster dennoch beherzigen. In der Regel schreiben Sie vor dem Abitur noch eine „Klausur unter Abiturbedingungen". Das bezieht sich vornehmlich auf den Zeitfaktor, denn fünf Zeitstunden erfordern viel Konzentration. Mit einer guten Bearbeitungsstrategie sind Sie auch bei der Abiturklausur mindestens auf der „guten" Seite.

Vorarbeit

➜ Sie haben die gewählte Prüfungsaufgabe vor sich liegen. Lesen Sie genau die **Formulierung des Klausurthemas**, denn es zeigt Ihnen den zu bearbeitenden Schwerpunkt (Beispiel Los Angeles auf den folgenden Seiten, Thema: *Suburbanisierung im Raum der Global City Los Angeles).*

Verlieren Sie das Thema bei der Bearbeitung der Teilaufgaben nicht aus den Augen, da es Sie quasi wie ein roter Faden durch Ihre schriftliche Arbeit führt.

➜ Lesen Sie aufmerksam die **Aufgabenstellungen**, die Ihnen die Richtung für die Erschließung vorgeben. Die Arbeitsanweisungen (Operatoren) weisen auf das Anspruchsniveau, die Qualität und die Quantität Ihrer erwarteten Leistung hin. Der Anforderungsbereich wird also durch die Operatoren vorgegeben (→ Kapitel „Arbeitsaufträge und ihre Bedeutung").

Mehrgliedrige Aufgaben geben Ihnen weitere Orientierungshilfen und erleichtern die logische Gliederung (z. B. *Erläutern Sie … und überprüfen Sie …; Stellen Sie gegenüber … und bewerten Sie …).*

In der normalen Klausur bearbeiten Sie materialgebundene Aufgaben. Das ist bei einer Abiturklausur nicht anders. Die Themenstellung einer Normalklausur wird sich auf Inhalte aus einem Kurshalbjahr oder mehreren Semestern erstrecken. Bei einer Abiturklausur wählen Sie, unabhängig davon, ob es sich um das Zentralabitur oder von der Schule eingereichte Prüfungsaufgaben handelt, aus verschiedenen Vorschlägen aus. Dass Sie den Stoff beherrschen, wird vorausgesetzt. Falls bei Ihnen im Umgang mit Methoden, die zur Auswertung bzw. Interpretation unabdingbar sind, Unsicherheiten bestehen, schlagen Sie noch einmal im Hauptkapitel „Umgang mit Materialien und Methoden" nach.

➜ Nehmen Sie eine **erste Sichtung** des Materials vor und ordnen Sie es den Aufgaben zu. Dabei werden Sie dominante Faktoren und Tendenzen erkennen. Markieren Sie Ihnen wichtig erscheinende Inhalte, Fach- und Schlüsselbegriffe auf den Materialien oder notieren Sie sie auf einem extra Blatt (z. B. *Kernbereich, Industrialisierung, Deindustrialisierung, ethnische Minderheiten).* Vergessen Sie nicht den Atlas, auch wenn er nur als Hilfsmittel aufgeführt und nicht mit einer Aufgabe direkt verbunden ist.

➜ Bereiten Sie die erste **Gliederung** der Teilaufgaben vor, ohne das Gesamtthema aus den Augen zu verlieren. Schreiben Sie die Gliederung auf, da sie Ihnen als Vorlage für die schriftliche Ausarbeitung dient (z. B: *funktionale Gliederung der Stadtlandschaft – Schwerpunkte der Bebauung – Edge cities – Suburbanisierung – Counterurbansiation).*

➜ Legen Sie sich einen **Zeitplan** zurecht. Für die Vorarbeit sollten Sie nicht mehr als 60 Minuten einplanen. Berücksichtigen Sie auch die Zeit, die Sie zum abschließenden Lesen und zur Kontrolle benötigen.

Durchführung

→ Sie beginnen mit einer zum Thema hinführenden **Einleitung.** Nicht bei allen Prüfungsaufgaben ist es jedoch erforderlich, den allgemeinen Rahmen abzustecken und/oder die Einordnung in einen Großraum vorzunehmen.

→ Fangen Sie mit der ersten Teilaufgabe an und bleiben Sie in der **Reihenfolge.** Es hat sich als unzweckmäßig erwiesen, beispielsweise Teilaufgabe 3 zuerst zu bearbeiten, da die Aufgaben in sich einen logischen Aufbau aufweisen und auch die Operatoren entsprechend gewählt sind.

→ Gliedern Sie deutlich Ihre **inhaltliche Darstellung.** Erinnern Sie sich an den Dreierschritt Analyse – Synthese – Hypothese. Binden Sie bei Ihren Aussagen auf jeden Fall die Materialien mit ein und verweisen Sie auf die Materialnummer (M 1, M 2 usw.).
Wenn Sie den Atlas als Quelle benutzen, geben Sie den Namen des Atlas und die Seitenzahl an. Führen Sie Beispiele auf, die einen Vergleich ermöglichen. Das Gleiche gilt für Zahlenangaben. Stehen Zahlen isoliert, haben sie wenig Aussagekraft.
Beschränken Sie sich bei wörtlichen Übernahmen auf wenige Textpassagen. Bauen Sie die Zitate so ein, dass sie als solche auch erkennbar sind. Stellen Sie in einem abschließenden Fazit die Kernaussagen der Teilaufgaben akzentuiert heraus.
Bei der letzten Teilaufgabe stellen Sie abschließend in Ihrer Würdigung/Bewertung/Beurteilung/Kritik noch einmal den Bezug zum Thema her.

→ Vernachlässigen Sie nicht die **sprachliche Gestaltung.** Sie schreiben einen flüssigen Stil, vermeiden Füllwörter sowie pauschale und inhaltsleere Aussagen.
Auf Fachbegriffe gehen Sie gezielt ein, erläutern sie und fügen sie in die Gesamtaussage ein. Sie vermeiden unklare Formulierungen wie „Man könnte vielleicht sagen ...“, „Es könnte sein, dass ...“. Sie vermeiden Abkürzungen, die ansonsten ungebräuchlich sind. Sie achten natürlich auf Rechtschreibung und Grammatik. Nicht umsonst fordert die Kultusministerkonferenz in der „Vereinbarung zur Gestaltung der gymnasialen Oberstufe in der Sekundarstufe II“ für die Ausprägung der Studienfähigkeit *sprachliche Ausdrucksfähigkeit, insbesondere die schriftliche Darlegung eines konzisen Gedankengangs.* Spätestens bei der Abiturklausur müssen Sie fähig sein, *sich strukturiert, zielgerichtet und sprachlich korrekt schriftlich zu artikulieren und die erforderlichen Schreibformen und -techniken zu beherrschen. Hierzu gehören auch der angemessene Umgang mit Texten [...] sowie zeitökonomische Bearbeitung, das schriftliche (und mündliche) Darstellen komplexer Zusammenhänge und die Fähigkeit zu sprachlicher Reflexion.*

→ Sie achten auf eine klare **formale Gliederung.** Sie lassen zwischen den Teilaufgaben einen Zwischenraum. Sie fügen Absätze bei einem neuen Gedankengang ein, arbeiten mit Zwischenüberschriften und unterstreichen Schlüsselwörter. Sie schreiben natürlich nicht über den Rand, der für den Korrektor/die Korrektorin reserviert bleibt.

Abschließend noch ein Wort zum **Vorschreiben.** In der Praxis hat sich dieses Verfahren nicht bewährt, weil es Zeit kostet, die Sie besser für die inhaltliche Durchdringung und sprachliche Ausformulierung verwenden. In fast allen Fällen fehlt am Ende die Zeit für die abschließende Fehlerkontrolle und die Überprüfung, ob die Materialen richtig eingeordnet wurden. Auch ist es dann fast immer zu spät, noch Ergänzungen einzubringen.

3.1 Thema: Suburbanisierung im Raum der Global City Los Angeles

Vorbemerkung: Erwarten Sie keine Musterklausuren mit Anmerkungen und Gutachten, die sowieso erst unter Verschluss gehalten werden. Gehen Sie trotzdem die Beispiele aufmerksam durch. Denken Sie daran, die Materialien nicht einzeln „abzuarbeiten“. Bei einer additiven Bearbeitung gewinnen Sie keinen Überblick. Ergo: Erkennen Sie den roten Faden und folgen Sie ihm. Sie erhalten natürlich die Lösungen zu den Aufgaben.

Aufgabenstellung

1. Erläutern Sie die Stadtentwicklung von Los Angeles (M 1, M 2, Atlas) und überprüfen Sie, ob das Strukturmodell M 3 auf Los Angeles angewandt werden kann.
2. Stellen Sie einen Bezug her zwischen den Vierteln ethnischer Gruppen und der in Armut lebenden Bevölkerung von Los Angeles (M 4, M 5).
3. Bewerten Sie in differenzierender Form die Entwicklung von Los Angeles zur Global City, auch vor dem Hintergrund der Theorie des Produkt-Innovationszyklus, indem Sie die Quelle M 6 aus der erdkundlichen Fachzeitschrift „Geographische Rundschau“ auswerten.

Hilfsmittel: Atlas, Taschenrechner

M 1: Los Angeles – Funktionale Differenzierung des Stadtgebietes

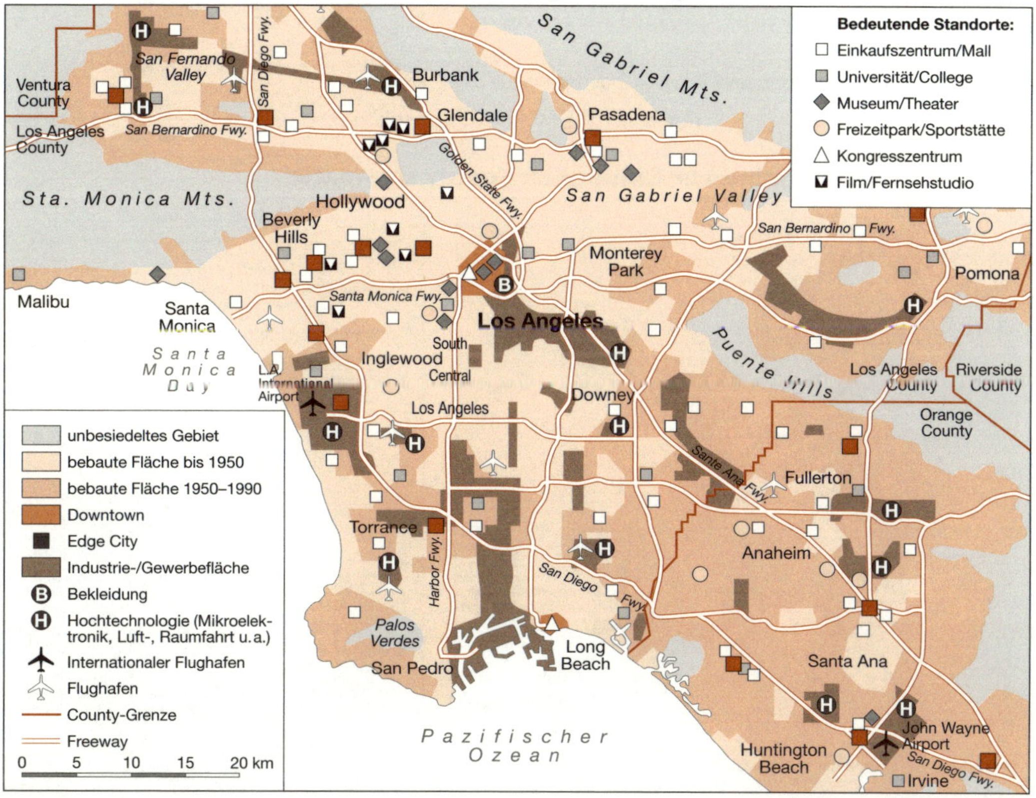

(Quelle: Mensch und Raum. Geographie 12/13. Gymnasiale Oberstufe, Cornelsen Verlag Berlin, S. 178)

M 2: Los Angeles – Bevölkerungsentwicklung 1860 – 2000 in 1000

Jahr	*Stadt*	*County*	*Metropolitan Area*
1860	*4*	*11*	–
1880	*11*	*33*	–
1900	*102*	*170*	–
1910	*319*	*504*	–
1920	*577*	*936*	*1 150*
1930	*1238*	*2208*	*2 597*
1940	*1504*	*2786*	*3 253*
1950	*1970*	*4152*	*4 934*
1960	*2479*	*6039*	*7 751*
1970	*2812*	*7042*	*9 981*
1980	*2969*	*7477*	*11 498*
1990	*3485*	*8863*	*14 532*
2000	*3823*	*9884*	*16 746*

(Quelle: Mensch und Raum. Geographie 12/13, Cornelsen Verlag, S. 178)

M 3: Strukturmodell des großstädtischen Verdichtungsraums

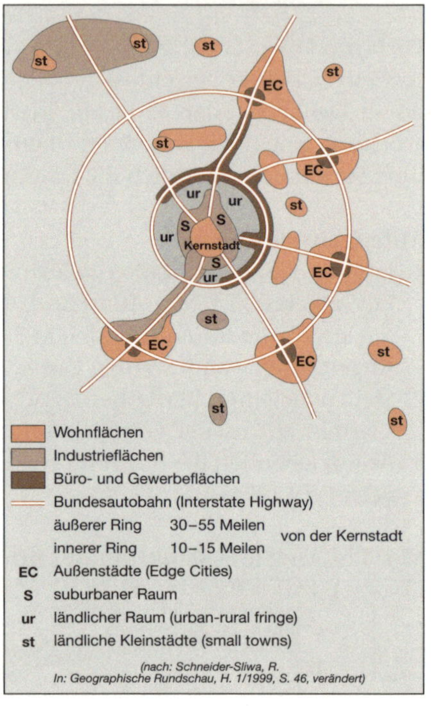

(Quelle: Mensch und Raum. Geographie 12/13, Cornelsen Verlag, S. 179)

M 4: Vorherrschende ethnische Gruppen im County Los Angeles

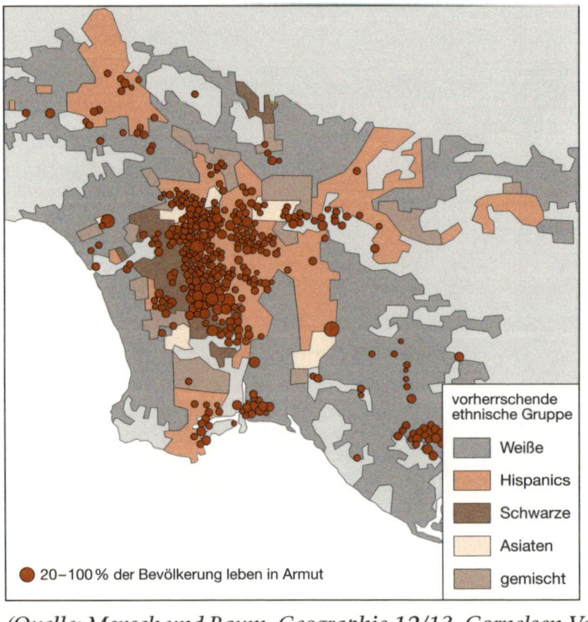

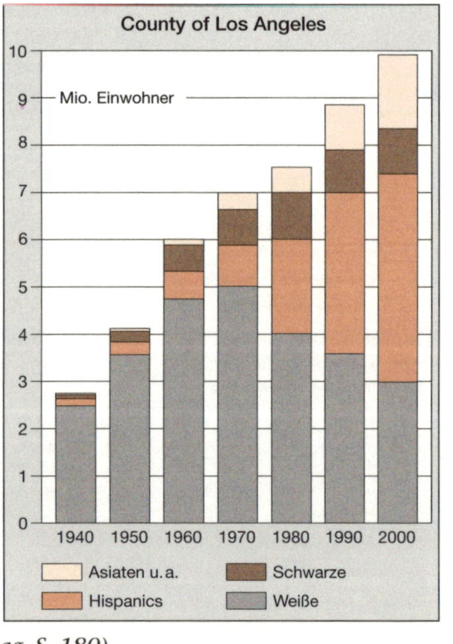

(Quelle: Mensch und Raum. Geographie 12/13, Cornelsen Verlag, S. 180)

M 5: Bevölkerungsprognose für den County Los Angeles nach Ethnien
für den Zeitraum von 2000 (erhobene Daten) bis 2040 (hochgerechnete Daten)

	Weiße		*Hispanics*		*Schwarze*		*Sonstige*	
Jahr	*absolut*	*in %*	*absolut*	*%*	*absolut*	*in %*	*absolut*	*in %*
2000	*3 377 396*	*33,2*	*4 663 048*	*45,8*	*972 598*	*9,6*	*1 167 826*	*11,4*
2010	*3 158 665*	*27,6*	*5 953 584*	*52,0*	*991 105*	*8,7*	*1 338 546*	*11,7*
2020	*2 900 000*	*22,5*	*7 510 091*	*58,1*	*1 008 622*	*7,8*	*1 496 952*	*11,6*
2030	*2 620 066*	*18,0*	*9 294 192*	*63,8*	*1 005 939*	*6,9*	*1 650 690*	*11,3*
2040	*2 249 451*	*13,9*	*11 202 278*	*69,1*	*968 941*	*6,1*	*1 772 409*	*10,9*

M 6: Los Angeles – Aufstieg zur Global City

Seit Beginn der 70er-Jahre erlebt der Raum Los Angeles einen massiven Rückgang der Betriebe und Beschäftigten in den traditionellen Kernbereichen der amerikanischen Industrie, wie etwa der Automobilproduktion, der Reifenherstellung, der Stahlerzeugung und z. T. auch dem Flugzeugbau. Von dieser selektiven Deindustrialisierung sind vorwiegend Standorte im Kerngebiet der Stadt, d. h. vor allem östlich und südlich der Downtown betroffen. Dieser starke Verlust an eher gut bezahlten Arbeitsplätzen in den klassischen Industriebranchen wird jedoch weitgehend durch eine Beschäftigungsexpansion an den beiden Extremen des industriellen Sektors, d. h. durch eine Reindustrialisierung, kompensiert. Auf der einen Seite ist dies ein starker Zuwachs im Bereich der Hochtechnologie, vor allem in den Zweigen Mikroelektronik sowie Luft- und Raumfahrt, mit ihren bevorzugten Standorten im Umkreis des Internationalen Flughafens von Los Angeles, im San Fernando Valley und im Orange County. Diesem Gewinn an hoch qualifizierten Arbeitsplätzen in den Randbereichen steht im Zentrum eine Renaissance von technologisch wenig entwickelten, durch niedrige Löhne und häufig katastrophale Arbeitsbedingungen geprägten Industriezweigen gegenüber.

Ein herausragendes Beispiel ist die vorwiegend kleinbetrieblich strukturierte, äußerst flexible Bekleidungsindustrie, deren Beschäftigte überwiegend Einwanderer sind. Im Jahr 1990 waren im Los Angeles County allein 110 000 Personen in der Textil- und Bekleidungsbranche beschäftigt.

Ähnliche Polarisierungen sind im expansiven tertiären Sektor zu beobachten. Hier steht neben einem starken Wachstum hochrangiger unternehmensbezogener Dienstleistungen (Finanzwesen, Versicherungen, Rechts- und Unternehmensberatung) gleichzeitig eine Ausweitung minderqualifizierter Tätigkeiten. Hierzu zählt z. B. das breite Feld der persönlichen Dienstleistungen und Reparaturdienste oder die Bewachung und Reinigung von Gebäuden. Dabei ergeben sich fließende Übergänge zu dem stetig sich vergrößernden informellen Wirtschaftssektor.

Die dargestellten Prozesse haben zu einer wachsenden Segmentierung und Polarisierung des Arbeitsmarktes geführt, von denen die verschiedenen ethnischen Gruppen in sehr unterschiedlicher Weise betroffen wurden. Dabei kann in etwas generalisierter Form von einer Spaltung des weltstädtischen Arbeitsmarktes in ein höherrangiges, d. h. durch qualifizierte, relativ sichere und gutbezahlte Tätigkeiten gekennzeichnetes Segment und in einen nach geordneten, schlecht entlohnten und höchst unsicheren Bereich gesprochen werden.

Los Angeles ist in den vergangenen Jahrzehnten zu einem der bedeutendsten Steuerungszentren der Weltwirtschaft geworden, mithin also zu einer Global City. Sie stellt heute – nach New York – das zweitwichtigste Finanzzentrum der USA und – nach Tokio – des gesamten pazifischen Wirtschaftsraumes dar. Zugleich hat sich die Region zu einem der führenden Schaltzentren nationaler und internationaler Konzerne entwickelt. Los Angeles hatte 1992 vom Passagieraufkommen den weltweit drittgrößten Flughafen, und der Doppelhafen von Long Beach und San Pedro war nach der umgeschlagenen Tonnage der fünftgrößte Seehafen der Erde.

Dieser Funktionsgewinn von Los Angeles war in den 80er-Jahren mit wachsenden internationalen Kapitalzuflüssen und spekulativen Investitionen im Bereich der Bürobauten verbunden. Hiervon profitierte nicht zuletzt das traditionelle Zentrum der Stadt, die Downtown, die so eine gewisse Revitalisierung als Standort hochrangiger Funktionen erlebte. So vermittelt die Downtown mit ihren etwa 50 Wolkenkratzern das Bild einer Zitadelle der ökonomischen Macht, die jedoch umgeben ist von Vierteln ethnischer Minderheiten, heruntergekommenen Gewerbegebieten und Gegenden der Armut, Not und Obdachlosigkeit.

(Nach Thieme, G. /Laux, H.-D.: Los Angeles – Prototyp einer Weltstadt an der Schwelle zum 21. Jahrhundert. In: Geographische Rundschau 48, 1996, H. 2, S. 84/85)

Ihre unterrichtlichen Voraussetzungen
Worüber Sie vor dieser Abiturklausur Bescheid wissen sollten

Sie haben sich in der Qualifikationsphase der Oberstufe mit Räumen unterschiedlichen Entwicklungs- und Urbanisierungsgrades befasst, u. a. mit hoch entwickelten Industrieländern wie Deutschland und den USA. Sie wissen um die globale Bedeutung der USA auf vielen Feldern (Bevölkerungsentwicklung, Industrieproduktion, Nahrungsmittel-, Energieerzeugung und Rohstoffverbrauch, Stadt-, Verkehrsentwicklung, Klimabeeinflussung), die wegen ihrer Raumwirksamkeit auch für den Geographieunterricht von Bedeutung sind und in den Lehrplänen und Erdkundebüchern aller Bundesländer behandelt werden. Darüber hinaus wird die Beherrschung aller Kompetenzen sowie folgender, den fachlichen Inhalten zuzuordnender Aspekte vorausgesetzt:

- Verfahren zur **Analyse urbaner Räume** zur Erklärung stadtgeographischer Strukturen und Prozesse
- Verfahrensweisen der allgemeinen **Raumanalyse** – d. h. der ländlichen, der urbanen und der suburbanen Räume – zum Aufzeigen räumlicher Strukturen und Entwicklungen
- **Funktions- und Strukturwandel** städtischer Siedlungen
- **Städte nicht-europäischer Kulturkreise** (z. B. Mexiko-Stadt oder Lima, Tokio oder Mumbai, Lagos oder Kairo oder Damaskus, Shanghai oder Hongkong oder Singapur, New York oder Chicago)
- Kenntnisse über **Segregationsprozesse** (erarbeitet z. B. an Prozessen in Mumbai, Mexiko-Stadt oder New York)
- Merkmale einer **Global City** wurden z. B. an einer Stadt wie New York, Hongkong oder Singapur erarbeitet
- Kenntnisse über **Indikatoren und Effekte des Globalisierungsprozesses** als Ausdruck weltweiter Verflechtung wirtschaftlicher Aktivitäten und rasanter Kapital-, Waren- und Informationsströme besonders zwischen den „Global Players“, jenen Wirtschaftsunternehmen, die eine „Pole-Position“ auf dem Weltmarkt anstreben
- **Modelle der funktionalen und strukturellen Differenzierung** von Großstädten und urbanen Verdichtungsräumen (konzentrisches Ringmodell von Burgess 1925, Sektoren-Modell von Hoyt 1963, Mehrkerne-Modell von Harris und Ullmann 1945, Stadtlandmodell von Holzner 1996)

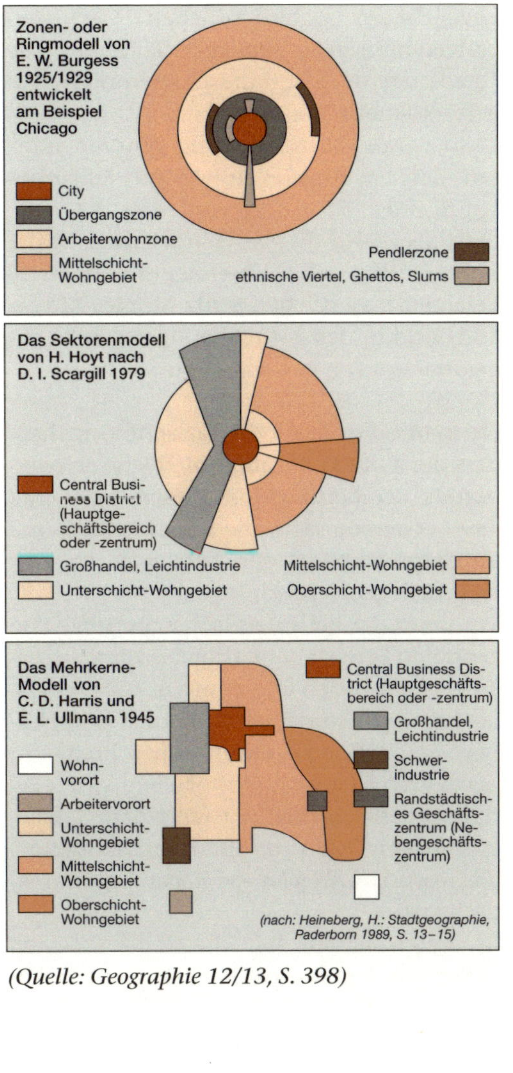

(Quelle: Geographie 12/13, S. 398)

Los Angeles dürfte als Raumbeispiel im Unterricht nicht schon behandelt worden sein, wenn es Gegenstand des schriftlichen Abiturs wäre, sondern L. A. dürfte dann nur im Kontext der Behandlung des Themas „Weltmacht USA" o. Ä. gestreift worden sein *(Raumentwicklung der USA, Bevölkerungsverteilung in den USA, Großstädte der USA).*
Kenntnisse über die Global City New York gelten aber als legitim und werden fast als normal vorausgesetzt.

**Ihre Prüfungsleistung –
was bei der Bearbeitung der Aufgaben von Ihnen erwartet wird**

Teilaufgabe 1 (Anforderungsbereich II; Gewichtung 30 %)

1.1 Mithilfe des Atlas sowie der Materialien M 1/M 2 sowie auf der Grundlage der oben angegebenen unterrichtlichen Voraussetzungen müssen Sie zunächst die funktionale Gliederung der Stadtlandschaft von Los Angeles erläutern.
Dazu würde die Feststellung gehören müssen, dass Los Angeles in wenigen Jahrzehnten zu einer *Weltstadt* geworden ist, die heute auch als *Global City* bezeichnet wird, in der unbesiedeltes Gebiet überhaupt nur noch im Bereich der westlichen Santa Monica Mountains und in den östlichen Puente Hills des Stadtlandes von L. A. existiert.

Dann müssen Sie auf die Tatsache eingehen, dass die Karte M 1 unterschiedliche Schwerpunkte der Bebauung zwischen 1950 und 1990 erkennen lässt, die durch hellere und dunklere Färbung der bebauten Flächen kenntlich gemacht wird:
Während die bebaute Fläche bis 1950 den zentralen Bereich des Kartenausschnitts zwischen Long Beach und dem San Gabriel Valley im Osten sowie Santa Monica und Hollywood im Westen einnimmt, schreitet in den Jahren 1950 bis 1990 vor allem an der Peripherie der bis 1950 entstandenen Gebiete wie auch im Osten und Südosten des Stadtgebiets von Los Angeles die Bebauung dramatisch voran.
In diesen Jahren hat die Stadtbebauung außerdem die County-Grenzen von Los Angeles in Richtung „Orange County" (Disneypark Anaheim) und in Richtung „Ventura County" (im NW von L. A.) übersprungen. Zersiedlung (Urban Sprawl) kennzeichnet die Stadtentwicklung im Raum von Los Angeles, wie Sie begründet schreiben können. Oder anders ausgedrückt: Los Angeles hat sich von einer kompakten Stadt zu einem polyzentralen Agglomerationsgebiet hin entwickelt.

Erwähnen müssen Sie an dieser Stelle unbedingt die 20 bis 30 *Edge Cities,* die sich in mehr oder weniger großen Abständen als urbane Subzentren, d. h. eigenständige Städte, 60 bis 80 km von der Downtown Los Angeles entfernt, im Umland von L. A. entwickelt haben. Sie bilden die vorläufigen Endpunkte des Suburbanisationsprozesses, der in eine *Counterurbanisation* umgeschlagen ist: Die Wanderungsbewegungen ursprünglich städtischer Wohnbevölkerung aus der Kernstadt heraus ins städtische Umland haben nämlich zu einer Verstädterung ursprünglich noch ländlicher Gemeinden und damit zu einer Bevölkerungsverdichtung in Gestalt der Edge Cities geführt, die sich von der Kernstadt Los Angeles gelöst haben und über alle Merkmale einer eigenen Stadt verfügen. Und eben dies können Sie als ***„Counterurbanisation"*** bezeichnen.

Vielleicht ist Ihnen schon einmal der Begriff „leapfrogging" („Froschspringen") begegnet, denn mit ihm könnten Sie gut veranschaulichen, in welcher wahrhaft sprunghaften Form die Ihnen seit der Mittelstufe bekannte Suburbanisation in amerikanischen Großstädten umgeschlagen ist in eine *Counterurbanisation.*

Im Großraum von L. A. hat diese Counterurbanisation inzwischen nicht nur die Counties Orange und Ventura erreicht, sondern auch die Counties Riverside im SO und San Bernadino im Osten des County Los Angeles. Dabei waren nicht zuletzt die Parkways und Freeways (Autobahnen) nach Südosten in Richtung Orange und Riverside County („San Diego Freeways"), nach Osten in Richtung San Bernadino County („San Bernadino Freeways") und nach Santa Monica, Malibu und zum Ventura County („Santa Monica Freeways", „Golden State Freeways") Leitlinien neuer Besiedlung im Umland der Kernstadt von Los Angeles, wie Sie kartengestützt (M 1) behaupten könnten.
Sie könnten als Zwischenergebnis die These vertreten, dass man erst klären müsste, welches Territorium gemeint ist, wenn man von Los Angeles spricht. Redet man von der Kernstadt und ihren Einwohnern, spricht man von der Countyregion Los Angeles oder meint man die Fünf-County-Metropolitanregion mit den Counties Los Angeles, Orange, San Bernadino, Riverside und Ventura, also jenem Verstädterungsgebiet mit rund 88 000 km², das auf der Karte M 1 dargestellt ist und sich etwa 100 km entlang der Küste und 200 km ins Landesinnere erstreckt. Dann könnten Sie Los Angeles der Fläche nach als eine der größten Städte der Welt nennen.

Hatte die City oder Kernstadt von Los Angeles im Jahre 2000 nur 3,8 Millionen Einwohner (z. Vgl. Berlin 3,4 Mio.) vorzuweisen, so kam die Countyregion nach der Ihnen vorliegenden Tabelle immerhin schon auf 9,8 Mio., 2,57-mal mehr Einwohner als in der City, und die Fünf-County-Metropolitanregion mit den Counties Los Angeles, Orange, San Bernadino, Riverside und Ventura kam auf knapp 16,75 Mio., das sind 4,4-mal mehr Einwohner als in der Kernstadt Los Angeles. Damit repräsentiert die Fünf-County-Region Los Angeles nach der Metropolitanregion New York mit 20 Millionen Einwohnern die zweitgrößte Agglomeration in den USA, wie Sie betonen sollten. Erst mit deutlichen Abständen folgen die Metropolitan Areas von Chicago und Washington-Baltimore.

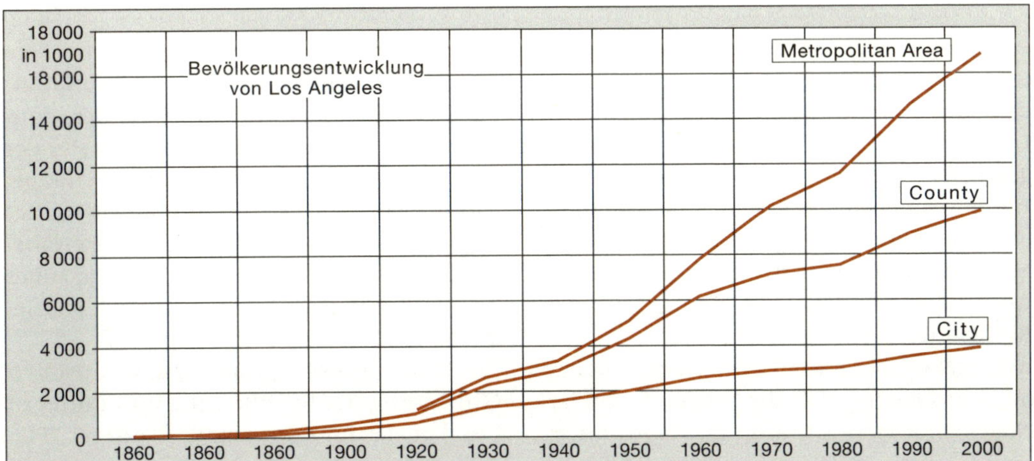

(Quelle: Geographie 12/13, Handbuch für den Unterricht, S. 116)

1.3 Das allgemeine Strukturmodell (M 3) eines großstädtischen Verdichtungsraums in den USA müssen Sie erst einmal korrekt beschreiben. Das bedeutet, Sie müssen zeigen, dass es sich bei M 3 um ein funktionales und strukturräumliches Stadtmodell handelt, das eine Art Kombinationsmodell darstellt, in das mehrere andere Modelle eingearbeitet worden sind.
Denn es gibt in diesem Modell von Rita Schneider-Sliwa eine Kernstadt im Inneren von mehreren konzentrischen Kreisen (→ analog zum konzentrischen Ringemodell von Burgess), es gibt ein Radialstraßensystem, das die Stadt in Sektoren unterteilt (→ analog zum Sektorenmodell von Hoyt), und es gibt eine funktionale Differenzierung (wie das Mehrkerne-Modell von Harris und Ullmann) in Büro- und Gewerbeflächen, Wohnflächen und Industrieflächen.

Ferner müssen Sie deutlich herausstellen, dass es jenseits eines schmalen Gürtels von Büro- und Gewerbeflächen, die die Kernstadt von einem Raum abgrenzen, in dem es besondere Arten von Suburbs gibt, so genannte Edge Cities, die wie Elektronen um einen Nukleus, d. h. die „Kernstadt" zu kreisen scheinen (→ polyzentrisches Agglomerationsmodell), aber deutlich räumliche Distanz halten und nicht mit dem Stadtzentrum und seinem mächtigen CBD zusammenwachsen wollen.

Wenn Ihre Analyse in etwa so ausfällt, müssten Sie relativ leicht dahingehend argumentieren können, dass zwischen dem Strukturmodell M 3 und der Karte M 1 Analogien bestehen, die es legitim erscheinen lassen, das Modell von Schneider-Sliwa mit Einschränkungen auf die Stadt Los Angeles anzuwenden.
Die Downtown von Los Angeles können Sie demzufolge als Kernstadt bezeichnen, während ländliche Räume – anders als im Modell M 3 – im Stadtgebiet von Los Angeles vollständig fehlen. Edge Cities mit allen Merkmalen einer eigenständigen Stadt lassen sich vielfach identifizieren. Der gesamte Großraum von Los Angeles ist ein suburban geprägtes Gebiet. Nur die im Schachbrettmuster angelegten Freeways von Los Angeles passen nun gar nicht zum Radialstraßensystem im Modell von Schneider-Sliwa, wie Sie leicht bemerken müssten.

Teilaufgabe 2 (Anforderungsbereich II; Gewichtung 30 %)

2.1 Sie müssen zunächst einmal herausarbeiten, dass auf der Karte M 4 die vorherrschenden ethnischen Gruppen in der *Countyregion Los Angeles* in ihrer räumlichen Verteilung gezeigt werden. Dargestellt werden die Hauptwohngebiete der weißen Bevölkerung, der Hispanics, der Schwarzen (heute häufig als „African Americans" bezeichnet), der aus Asien stammenden und der gemischten Bevölkerung.
Als Ergebnis der Kartenauswertung müssten Sie u. a. darlegen, dass die Kernstadt von Los Angeles mit ihren 3,8 Millionen Einwohnern (s. o.) heute von Hispanics, Schwarzen und Asiaten dominiert wird, während die Wohngebiete der weißen Bevölkerung sich heute vorwiegend in den Edge Cities und im suburbanen Umland der Kernstadt befinden, zum Teil schon an der Grenze oder jenseits der Grenzen zu den Nachbarcounties Orange, San Bernadino usw. Die Armutsgebiete der Bewohner der *Countyregion Los Angeles* müssten Sie in den Wohngebieten der Hispanics und der Schwarzen in der Kernstadt lokalisieren können.
Aus dem **Säulendiagramm zur ethnischen Gliederung der Bevölkerung im County of Los Angeles** im Zeitraum von 1940 bis 2000 sollten Sie zwei zentrale Aussagen ableiten können: Während von 1940 bis 1970 die

Zahl der weißen Bevölkerung sich noch von 2,5 Millionen auf 5 Millionen verdoppelte und der Anteil aller anderen ethnischen Gruppen noch unter zwei Millionen lag und nur moderat wuchs, hat von 1970 bis 2000 der Anteil der weißen Bevölkerung absolut (von 5 auf 3 Mio.) und prozentual zur multiethnischen Gesamtbevölkerung (von 50 % auf 33 %) abgenommen. Dafür machen die Hispanics im Jahre 2000 46 %, die Schwarzen 9,6 % und die Asiaten 11,4 % der Gesamtbevölkerung der Countyregion L. A. aus.

Teilaufgabe 3 (Anforderungsbereich III; Text M 6, Karte M 1, Atlas; Vorwissen zum so genannten Produkt-Innovationszyklus; Gewichtung 40 %)

Beim Text M 6 handelt es sich um einen Auszug aus einer geographischen Fachzeitschrift, in dem es laut Überschrift um den Aufstieg von Los Angeles zur Global City geht. Sie sollten den Text im Sinne einer geordneten Textanalyse in Sinnabschnitte mit griffigen Überschriften gliedern. Als Schlüsselbegriff müssten Sie den Begriff „Polarisierung" identifizieren, der nach Ansicht der Verfasser sowohl die Wirtschaft als auch die Gesellschaft der Global City Los Angeles betrifft.

Produktzyklus und Standortverlagerung

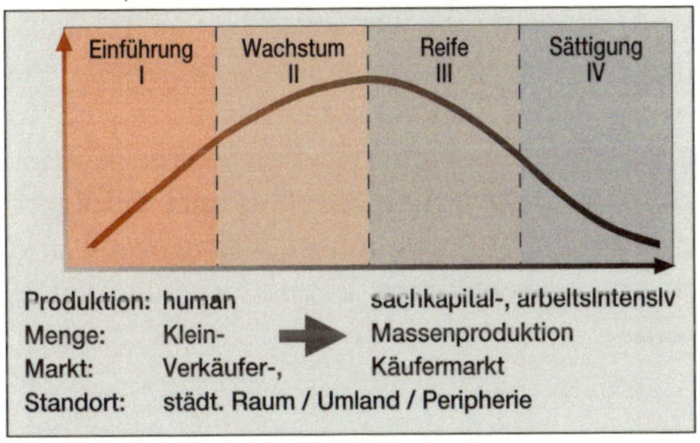

(Quelle: Deutschland in Europa, S. 34)

Mit konträr formulierten Begriffspaaren wie „Deindustrialisierung" und „Reindustrialisierung" oder „hoch bezahlte Jobs" versus „schlecht bezahlte Jobs" könnten Sie operieren, um den Quellentext zu erläutern.
Stellung nehmen müssen Sie zu den im Text geäußerten Bedenken, dass die Polarisierungseffekte in der Global City Los Angeles zu sozialen Spannungen und offenen Konfrontationen führen könnten. Und in knappen Worten müssten Sie zu der generell kritischen Einschätzung des Aufstiegs von Los Angeles zur Global City Position beziehen.
Und bezüglich des Rückgriffs auf Vorwissen zum Produkt-Innovationszyklus müssten Sie nur herausarbeiten, dass in Los Angeles mit seinen Branchen alle vier Phasen eines Produkt-Lebenszyklus vertreten sind, einschließlich der vierten Phase, deren Produktion oftmals in ein Billiglohnland ausgelagert wird.

Der Agrarökonom N. D. Kondratieff erkannte in technologischen Innovationen den entscheidenden Impuls für die Entwicklung von Wirtschaft und Wirtschaftsräumen (1926). Jeder Zyklus verändert die regionalen wie die globalen Standortstrukturen. Neue Zentren entstehen und dringen in die Peripherien vor.
Der schwedische Geograph T. Hägerstrand belegte den Zusammenhang zwischen zeitlicher Ausbreitung und räumlicher Entfernung (Diffusionstheorie von 1953).
Materielle Güter durchlaufen hinsichtlich ihrer Gestaltung, den Produktions- und Absatzbedingungen einen „Lebenszyklus".
Dabei verlagern sich die Produktionsstandorte vom Innovationszentrum und seinem Umland auf niedrigere Zentren (Peripherie) und schließlich zur „Fläche" (Billiglohnländer für die Massenproduktion). Daher sind bei der Wahl des optimalen Standorts die räumlichen Hierarchie-Ebenen zu beachten: internationale, regionale (Makro-), lokale (Mikrofaktoren) Ebene.
(Quelle: Deutschland in Europa, S. 54)

Anforderungen für die Note „gut" (11 Punkte) und „ausreichend" (5 Punkte)

Um die Note „gut" zu erhalten, wird von Ihnen verlangt, dass Sie die Aufgaben voll erfassen und alle drei Textaufgaben im Zusammenhang und umfassend bearbeiten. Ihre Argumentation muss sich dabei zum einen auf die Verknüpfung der zentralen Aussagen des vorgegebenen Materials und auf sinnvoll ausgewählte Atlaskarten stützen, zum anderen auf Ihre Sach-, Methoden- und Orientierungskompetenz mit deutlichem Bezug zum Thema.
Sie können die funktionale Differenzierung des Stadtlands von Los Angeles umfassend darstellen und plausibel erläutern (AFB II).
Sie können die unterschiedlich verlaufende Entwicklung der Bevölkerung von Los Angeles in den drei Bereichen City, County und Metropolitan Area differenziert erläutern (AFB II).
Sie können einen Bezug zwischen den Vierteln der unterschiedlichen ethnischen Gruppen und der in Armut lebendenden Bevölkerung umfassend herstellen.
Zur Lösung der Aufgabe 3 würde es gehören, dass Sie den fachwissenschaftlichen Text M 6 im Sinne der Aufgabenstellung fach- und methodenkompetent analysieren und unterrichtliches Vorwissen zum Produkt-Innovationszyklus zur Lösung einsetzen können.
Ihre gesamten Ausführungen sind sachlogisch strukturiert, fachsprachlich korrekt und im Elementarbereich einwandfrei.

Um mindestens die Note „ausreichend" zu erhalten, müssten Sie die drei Teilaufgaben in den Grundzügen solide bearbeiten. Das heißt, Sie müssten bezüglich Aufgabe 1 in der Lage sein, zentrale Aussagen zur funktionalen Differenzierung des Stadtlands von Los Angeles zu treffen, Sie müssten Auffälligkeiten in der Entwicklung der multiethnischen Bevölkerung der County Los Angeles erkennen und darstellen können, und Sie müssten sich im Ansatz sinnvoll zu der Frage äußern können, weshalb sich das Strukturmodell von Schneider-Sliwa auf Los Angeles anwenden lässt.
Bezüglich Aufgabe 2 müssten Sie Basisaussagen zur räumlichen Verteilung der ethnischen Gruppen treffen und diese in Beziehung zur Verteilung der in Armut lebenden Bevölkerung setzen können.
Den Textinhalt von M 6 müssten Sie wenigstens richtig referieren, und zu den dort vertretenen Positionen (Vorbehalten und Ängsten) müssten Sie wenigstens in ausreichender Manier Stellung nehmen können. Die Anwendung der Fachsprache müsste auch in einer mit „ausreichend" bewerteten Abiturklausur ohne erhebliche Mängel erfolgen, und die Darstellung müsste sachgerecht und in den wesentlichen Bereichen folgerichtig sein.

Lösung Aufgabe 1

Der Kartenausschnitt M 1 zeigt die funktionale Gliederung des Stadtlandes von Los Angeles. Unbesiedeltes Gebiet befindet sich allein im Bereich der Hügel- und Bergketten im Westen (Santa Monica Mountains), im Nordosten (San Gabriel Mountains) sowie im Osten (Puente Hills).
Die Karte differenziert in bebaute Flächen bis 1950 (hell) und bebaute Flächen 1950 – 1990 (dunkel). Die bebaute Fläche bis 1950 nimmt den zentralen Bereich des Kartenausschnittes entlang der Linien Long Beach–San Gabriel Valley im Osten sowie Santa Monica–Glendale im Westen ein. Inselförmige Bebauungsgebiete aus dieser Zeit finden sich auch im San Fernando Valley (NW), um Pomona (NO), Fullerton (O) und Santa Ana (SO). In diese Bebauungsgebiete eingelagert sind zahlreiche Industrie- und Gewerbeflächen.
In den Jahren 1950 bis 1990 nimmt die Bebauung vor allem an den Rändern der bis 1950 entstandenen Gebiete (San Fernande Valley) sowie im Osten und Südosten des Stadtgebietes von Los Angeles zu. In diesem Zeitraum überschreitet die Stadtbebauung zudem die County-Grenzen im Südosten.

Im Jahre 1860 beginnt die statistisch nachgewiesene Besiedelung von Los Angeles mit 4000 Einwohnern. Die Bevölkerungsentwicklung wird in Tabelle M 2 in die Bereiche Stadt County und Metropolitan Area ausgewiesen. In allen drei Bereichen sind im Bereich der Bevölkerungsentwicklung vor allem in den Jahren 1880 bis 1890, 1900 bis 1910, 1920 bis 1930, 1950 bis 1960, 1980 bis 1990 und 1990 bis 2000 zahlreiche Entwicklungsschübe zu erkennen.
Aus den Daten ist abzulesen, dass das County von Los Angeles schneller wächst als die City und außerdem die Metropolitan Area von Los Angeles schneller als das County Los Angeles.

Als Gründe für das starke Wachstum der Stadt Los Angeles in die Fläche (Suburbanisierung) können folgende Ursachen genannt werden:
- Geschichte der raschen Besiedlung des Westens
- der amerikanische Traum vom Wohnen
- fehlender Wohnraum in der Kernstadt
- subventioniertes Wohnen in den Umlandgemeinden (Zinssubventionen, Steuererleichterungen, Kreditbürgschaften des Staates)
- niedrige Grundstückspreise im ländlichen Umland
- Abwanderung der besser verdienenden Bevölkerung aus der Kernstadt
- erfolgreiche Abwehr der Eingemeindung der Edge Cities durch die Stadt Los Angeles

Der Prozess der Counterurbanisation entwickelt somit eine zunehmende Dynamik.

M 3 zeigt das Strukturmodell eines großstädtischen Verdichtungsraums in den USA. In dem Modell befindet sich die Kernstadt im Zentrum eines Radialstraßensystems mit mehreren konzentrischen Kreisen. Um die Kernstadt schließt sich ein geschlossener Kreis mit Industrieflächen, der wiederum von einem Gebiet mit ländlichem Raum umschlossen wird. Außerhalb des ländlichen Raums erkennt man einen schmalen Gürtel mit Büro- und Gewerbeflächen, die ebenfalls einem konzentrischen Muster folgen. Erst außerhalb dieses Gürtels von Büro- und Gewerbeflächen haben sich in einigem Abstand weitere Wohnflächen, die so genannten Außenstädte (Edge Cities) inselförmig um die Kernstadt angelagert.

Das oben beschriebene Strukturmodell lässt sich mit Einschränkungen auf die Stadt Los Angeles anwenden.

Die Kernstadt umfasst die Downtown von Los Angeles. Der suburbane Raum (s) ist auch im Stadtgebiet von Los Angeles großflächig vorhanden. Ländliche Räume (ur) fehlen im Stadtgebiet von Los Angeles vollständig. Büro- und Gewerbeflächen sind im Westen, Süden und Osten der Kernstadt vorhanden. Edge Cities (EC) mit allen notwendigen Merkmalen einer eigenen Stadt sind zahlreich vorhanden, z. B. Beverly Hills, Santa Ana, Fullerton (M 1).

Die Freeways von Los Angeles entsprechen nicht dem Radialstraßensystem mit konzentrischen Kreisen, wie dies im Modell vorgegeben ist. Vielmehr wurde hier versucht, ein in die Topographie der Stadt passendes Schachbrett-Straßensystem anzulegen.

Lösung Aufgabe 2

Die Karte M 4 zeigt die vorherrschenden ethnischen Gruppen im County Los Angeles. Dargestellt werden die Wohngebiete der Weißen, der Hispanics, der Schwarzen, der Asiaten und der gemischten Bevölkerung. Bei der Auswertung der Karte fallen folgende Aspekte auf:

- Die Kernstadt von Los Angeles wird dominiert von Hispanics, Schwarzen und Asiaten.
- Die Wohngebiete der weißen Bevölkerung befinden sich vorwiegend in den Edge Cities im Umland der Stadt.
- Die Armutsgebiete von Los Angeles (20 bis 100 % der Bevölkerung leben in Armut) befinden sich vorwiegend in den Wohngebieten der Hispanics und der Schwarzen in der Kernstadt von Los Angeles.

Die ethnische Gliederung der Bevölkerung ist an einem Säulendiagramm (M4) ablesbar. Dargestellt wird die Entwicklung der ethnischen Zusammensetzung im County of Los Angeles im Zeitraum 1940 bis 2000 in Zehn-Jahres-Schritten. Im Jahre 2000 lebten etwa 4 Mio. Hispanics, 3 Mio. Weiße, 1,5 Mio. Asiaten und etwa 1 Mio. Schwarze im County of Los Angeles. Seit 1940 sind vor allem folgende zwei Entwicklungen zu beobachten:
Erstens: Zwischen 1940 und 1970 nimmt die Zahl der weißen Bevölkerung von rd. 2,5 Mio. auf 5 Mio. Bewohner stark zu. Im gleichen Zeitraum nimmt die Zahl der Hispanics nur moderat von 0,1 auf 0,7 Mio. und die Zahl der Asiaten und Schwarzen zusammen von 0,1 auf rd. 1,2 Mio. Bewohner zu.
Zweitens: Zwischen 1970 und 2000 nimmt der Anteil der weißen Bevölkerung kontinuierlich und stark von 5 Mio. auf 3 Mio. Bewohner ab. Im Gegenzug steigt die Zahl der Hispanics von 0,7 Mio. auf rd. 4,3 Mio. und die Zahl der Asiaten von 0,3 auf 1,5 Mio. Bewohner. Die Zahl der schwarzen Bevölkerung verändert sich seit 1970 nur unwesentlich.

Für die Entwicklung können drei Hauptgründe angeführt werden: Seit 1970 erfolgte – unterstützt durch staatliche Förderung – ein massiver Umzug der weißen Bewohner in das attraktivere Umland von Los Angeles. Die Kernstadt wurde mit ihren niedrigen Mieten attraktiv für Zuwanderer – vor allem aus Mittelamerika und Asien. In der Folge dieser Segregation entstanden in Los Angeles zahlreiche soziale Brennpunkte.

Als Schlussfolgerung ergibt sich Folgendes:
1. In der Kernstadt leben vorwiegend Hispanics, Schwarze und Asiaten. Hier befinden sich auch die Armutsgebiete und sozialen Brennpunkte der Stadt.
2. Die Wohngebiete der in den letzten Jahrzehnten in großer Zahl umgezogenen weißen Bevölkerung befinden sich im Umland der Stadt. Hier sind zahlreiche Edge Cities entstanden.

Die Bevölkerungsprognose wird in einer Tabelle (M 5) von 2000 bis 2040 dargestellt. Der Anteil der Weißen geht bis 2040 absolut und prozentual zurück. Der Anteil der Schwarzen bleibt im gleichen Zeitraum absolut annähernd erhalten, verringert sich aber prozentual von 9,6 auf 6,1 %. Die Zahl der Sonstigen, vorwiegend Asiaten, steigt absolut um rd. 605 000 Personen, ihr prozentualer Anteil verändert sich nur geringfügig. Am stärksten nimmt die Zahl der Hispanics zu. 2040 werden nach der Prognose rd. 6,5 Mio. Hispanics mehr im County Los Angeles leben als 2000. Ihr schon hoher prozentualer Anteil von 45,8 % im Jahr 2000 wird 2040 nur 0,9 % unter der 70-Prozent-Marke liegen. Aus dieser Entwicklung mögliche soziale Konflikte abzuleiten, erscheint verfrüht. Als gravierend muss hingegen das absolute Ansteigen der Bevölkerung von 10,2 Mio. (2000) auf 15,2 Mio. (2040) und damit eine weitere Verdichtung des Ballungsraumes angesehen werden.

Lösung Aufgabe 3

Beim Text M 6 handelt es sich um einen Auszug aus einem wissenschaftlichen Text. Laut Überschrift geht es um den Aufstieg von Los Angeles zur Global City. Im Text ist von den damit verbundenen wirtschaftlichen und sozialen Entwicklungen die Rede. Der Text lässt sich in vier Abschnitte gliedern, die jeweils eine Sinneinheit bilden:

1. Industrie,
2. Tertiärer Sektor,
3. Arbeitsmarkt,
4. Rolle von L. A. als Global City.

Der inhaltliche Schlüsselbegriff ist die Polarisierung, die sowohl die Wirtschaft als auch die Gesellschaft betrifft. Einer Deindustrialisierung bei den meisten traditionellen Industriebranchen steht eine Reindustrialisierung bei den Hochtechnologiebranchen und in der Textilbranche gegenüber. Damit tritt eine extreme Polarisierung bei den Löhnen und bei den Arbeitsbedingungen auf. Im tertiären Sektor stehen hoch qualifizierte Dienstleistungen einfachen persönlichen Dienstleistungen gegenüber. Auch Ansätze eines informellen Sektors (wie in der Dritten Welt) sind in L. A. erkennbar. Daraus folgt eine ausgeprägte Unterteilung und Polarisierung des Arbeitsmarktes und somit auch der Gesellschaft in Menschen mit hoch qualifizierten, gut bezahlten Tätigkeiten und in Menschen mit einfachen, schlecht bezahlten Tätigkeiten. Dies kann zu sozialen Spannungen und offenen Konflikten führen, besonders wenn die Polarisierung zwischen unterschiedlichen ethnischen Gruppen auftritt.

Aus sozialer Sicht ist daher die Entwicklung von Los Angeles zur Global City eindeutig negativ zu bewerten. Aus ökonomischer Sicht sieht die Bewertung etwas anders aus: Los Angeles ist ein Steuerungszentrum der Weltwirtschaft geworden und global wettbewerbsfähig. Nach der Theorie des Produkt-Innovationszyklus besetzt Los Angeles mit seinen Branchen alle vier Phasen eines Produkt-Lebenszyklus. Das ist erstaunlich, da die Produktion in der vierten Phase, der Schrumpfungsphase, oftmals in ein Billiglohnland verlagert wird.

3.2 Thema: Ernährungssicherung am Rand der Wüste: Mali

Aufgabenstellung

1. Beschreiben Sie die Bevölkerungsentwicklung in Mali (M 1) und ordnen Sie das Land in das Modell des demographischen Übergangs ein.
2. Erläutern Sie das naturräumliche Potenzial (M 2 – M 4) Malis und nehmen Sie zu der tatsächlichen Agrarnutzung und den Problemen der landwirtschaftlichen Produktion des Landes Stellung.
3. Beschreiben Sie die möglichen Zielsetzungen des vom Entwicklungsministerium in Mali betriebenen Baus von Kleinstaudämmen (M 6) und des Konzeptes der „Agrarforstlichen Landnutzung" (M 7) und diskutieren Sie die möglichen Hemmnisse bei der Verwirklichung derartiger Projekte.

Hilfsmittel: Atlas, Taschenrechner

M 1a: Bevölkerungsentwicklung Malis

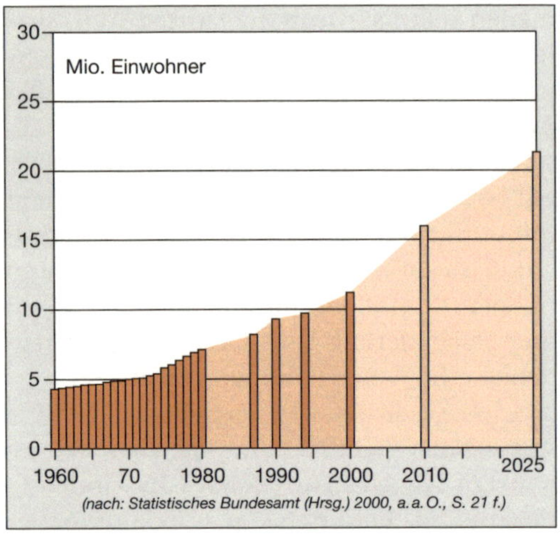

M 1b: Geburten-/Sterbeziffern Malis

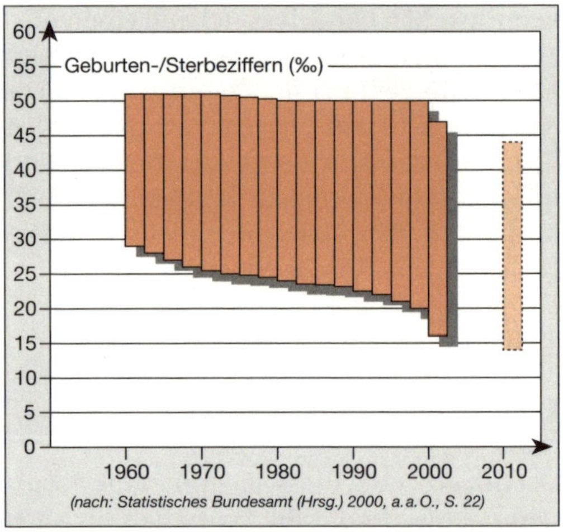

(Quelle: Mensch und Raum. Geographie 12/13. Gymnasiale Oberstufe. Hrsg. u. bearbeitet von Mechthild Dielmann, Monika Fuchs, Peter Fischer u. a., Cornelsen Verlag Berlin 2001, S. 16)

M 2: Verteilung der Niederschläge in Timbuktu und Mopti von 1970 bis 2000

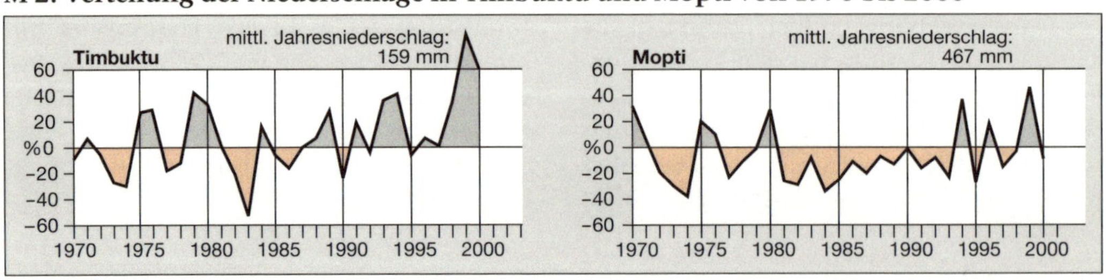

(Quelle: Mensch und Raum. Geographie 12/13. Gymnasiale Oberstufe. Hrsg. u. bearbeitet von Mechthild Dielmann, Monika Fuchs, Peter Fischer u. a., Cornelsen Verlag Berlin 2001, S. 18)

M 3: Niederschlag, Temperatur und Verdunstung in Mali

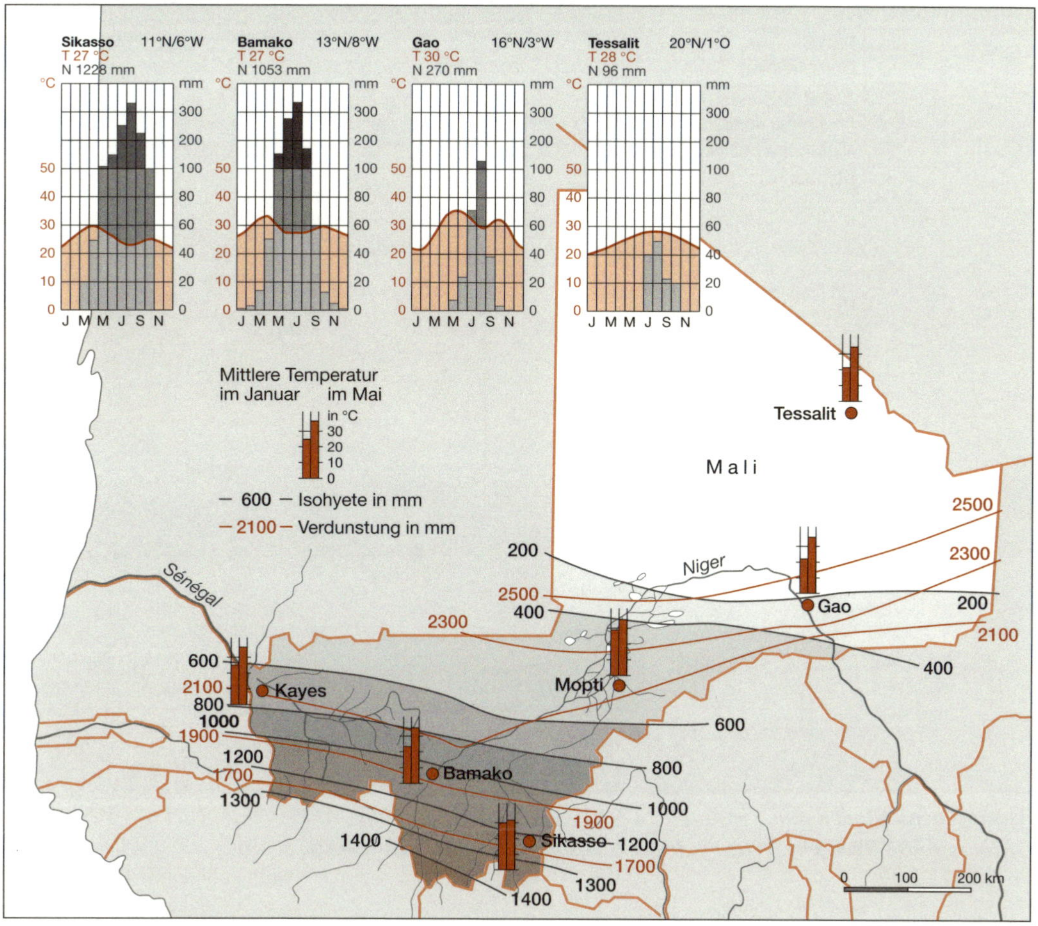

(Quelle: Mensch und Raum. Geographie 12/13. Gymnasiale Oberstufe. Hrsg. u. bearbeitet von Mechthild Dielmann, Monika Fuchs, Peter Fischer u. a., Cornelsen Verlag Berlin 2001, S. 19)

M 6: Nutzungsmodell der Bewässerung

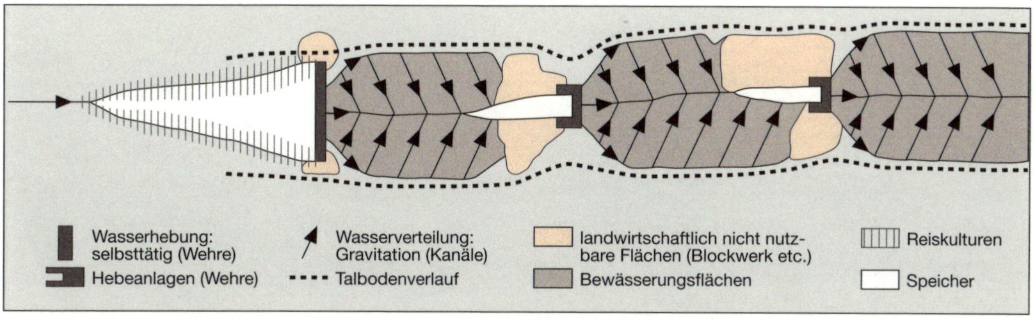

(Quelle: Mensch und Raum. Geographie 12/13. Gymnasiale Oberstufe. Hrsg. u. bearbeitet von Mechthild Dielmann, Monika Fuchs, Peter Fischer u. a., Cornelsen Verlag Berlin 2001, S. 29)

M 4: Vegetationszonen und Gewässernetz in Mali

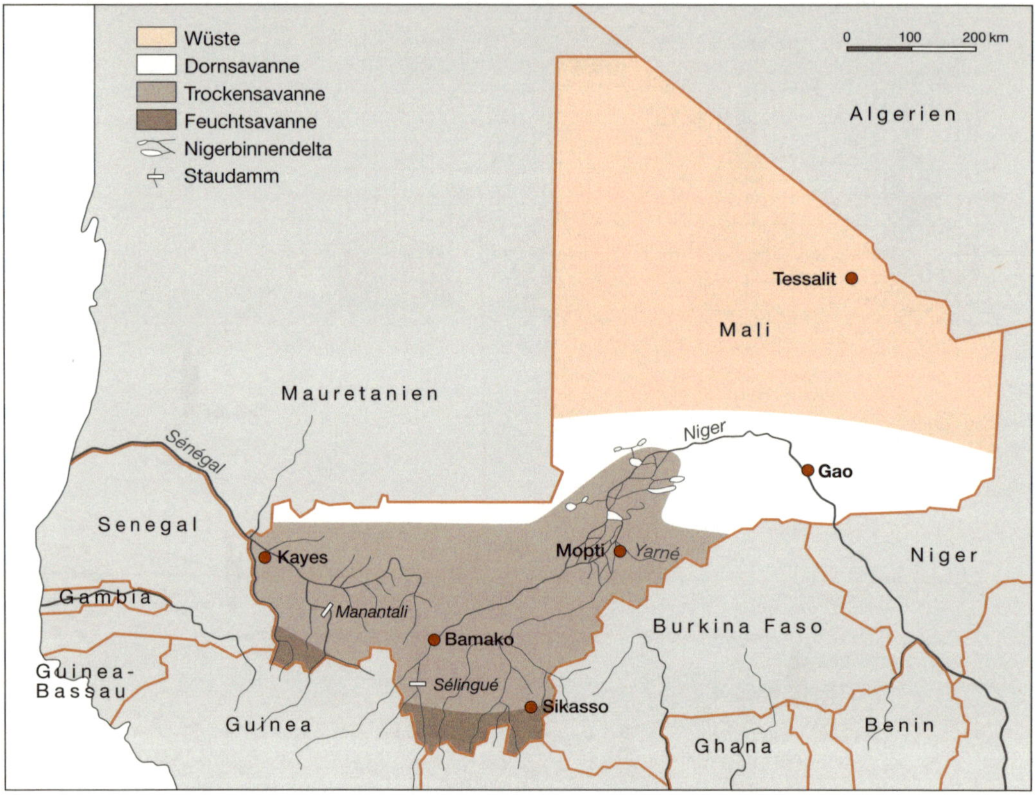

(Quelle: Mensch und Raum. Geographie 12/13. Gymnasiale Oberstufe. Hrsg. u. bearbeitet von Mechthild Dielmann, Monika Fuchs, Peter Fischer u. a., Cornelsen Verlag Berlin 2001, S. 19)

M 7: Agrarforstliche Landnutzung

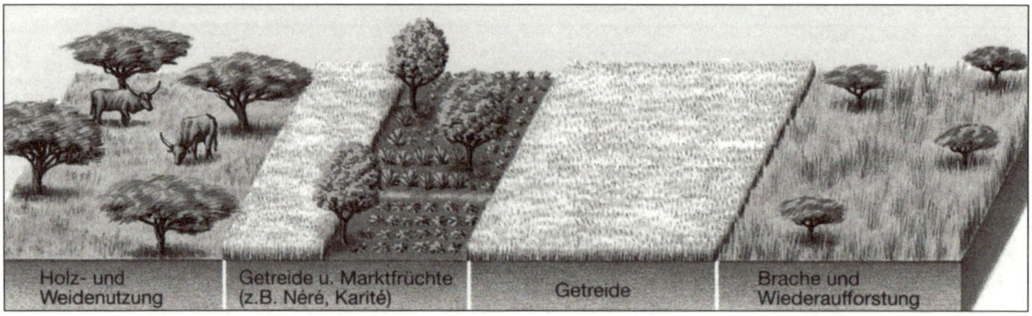

(Quelle: Mensch und Raum. Geographie 12/13. Gymnasiale Oberstufe. Hrsg. u. bearbeitet von Mechthild Dielmann, Monika Fuchs, Peter Fischer u. a., Cornelsen Verlag Berlin 2001, S. 30)

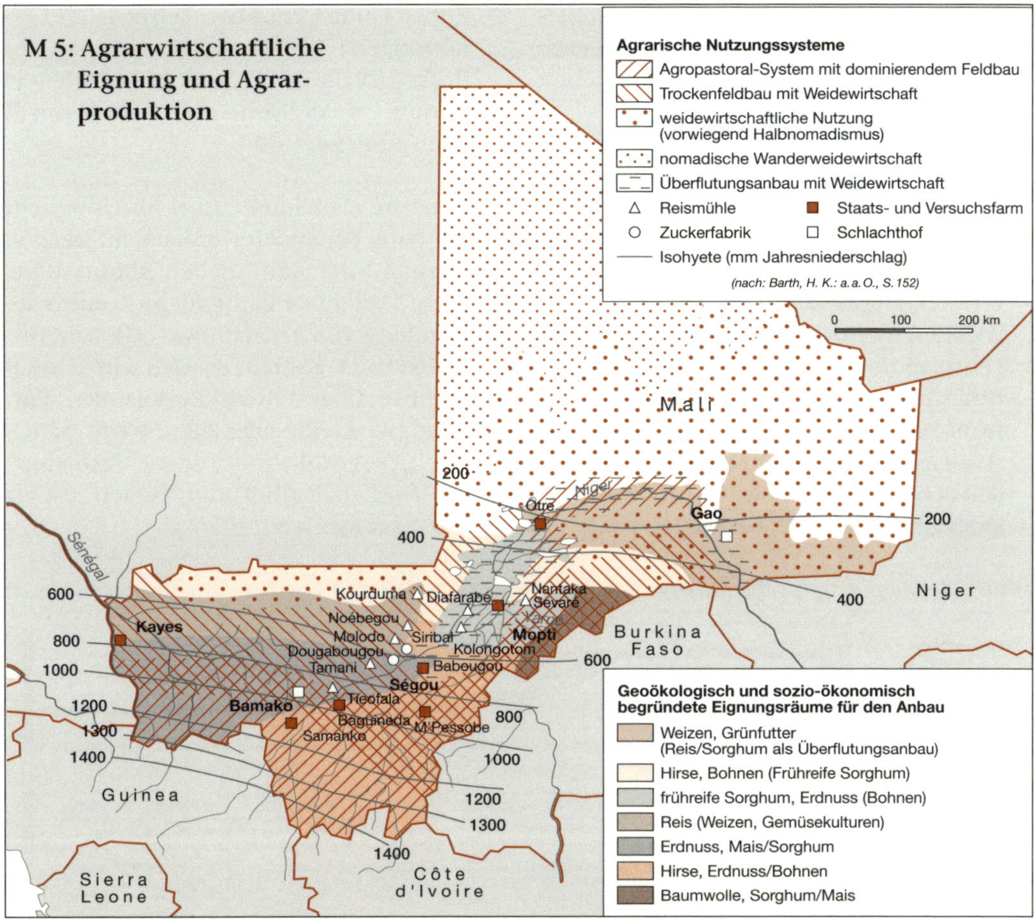

(Quelle: Mensch und Raum. Geographie 12/13. Gymnasiale Oberstufe. Hrsg. u. bearbeitet von Mechthild Dielmann, Monika Fuchs, Peter Fischer u. a., Cornelsen Verlag Berlin 2001, S. 20)

Ihre unterrichtlichen Voraussetzungen
Worüber Sie vor dieser Abiturklausur Bescheid wissen sollten

Sie haben sich in der Qualifikationsphase der Oberstufe mit Räumen unterschiedlichen Entwicklungsgrades befasst, u. a. mit hoch entwickelten Industrieländern wie Deutschland, den USA und Japan, mit Transformationsländern wie Russland oder China, mit Schwellenländern wie Indien und Brasilien und mit Entwicklungsländern wie Mexiko oder Indonesien oder Peru oder Nigeria. Darüber hinaus wird die Beherrschung aller Kompetenzen sowie folgender, den fachlichen Inhalten zuzuordnender Aspekte vorausgesetzt:

- Verfahren der Raumanalyse zur Erklärung geographischer Strukturen und Prozesse
- Wirkungszusammenhänge zwischen den Geofaktoren Klima – Wasser – Boden
- Möglichkeiten und Grenzen agrarischer Nutzung in unterschiedlichen Klima- und Vegetationszonen der Erde

- Bevölkerungswachstum und dessen Konsequenzen für die Tragfähigkeit eines Landes
- Raumnutzungskonflikte im ländlichen Raum
- Weltweite Disparitäten und Marginalisierungsprozesse als globale Herausforderung
- Klassifikationsschemata und Indikatoren zur Einordnung von Industrie- und Entwicklungsländern (z. B. HDI)
- Entwicklungsländertheorien und entwicklungspolitische Konzepte (je nach Lehrplan und Lehrkraft z. B.: Modernisierungstheorie, Dependenztheorie, Zentrum-Peripherie-Modell, Entwicklungsstadienmodell, Strategie des Big Push, Modell der Wachstumspole, Grundbedürfnisstrategie, Sustainable Development)
- Entwicklungsprojekte – Beispiele und Erfahrungen
- Risikogebiete der Erde, z. B. Gebiete, die ständig wiederkehrenden Trockenperioden ausgesetzt sind

Mali dürfte als Raumbeispiel im Unterricht nicht schon behandelt worden sein, wenn es Gegenstand des schriftlichen Abiturs wäre, sondern Mali dürfte dann nur im Kontext der Behandlung von Themen wie „Globale Disparitäten" o. Ä. gestreift worden sein. Grundkenntnisse über Entwicklungsländer, Entwicklungskonzepte oder Begriffe wie „Sahelzone", „Desertifikation" oder „Cash-crop" gelten aber als legitim und werden fast als normal vorausgesetzt.

Modell des demographischen Übergangs

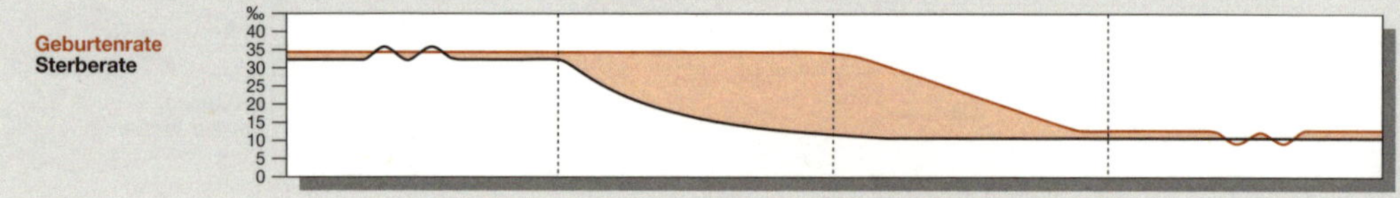

Zeit		← 100 – 200 Jahre →		
Bezeichnung	frühe stationäre Phase	frühe Wachstumsphase	späte Wachstumsphase	späte stationäre Phase
Bevölkerungswachstum	keines bzw. gering	groß (zunehmend)	groß (abnehmend)	keines bzw. gering
Ursachen	Unkontrollierte Geburtenzahl, Großfamilien, viele Kinder.	Unverändertes generatives Verhalten.	Lebensbedingungen der städtisch-industriellen Gesellschaft, Tendenz zu Kleinfamilien und Familienplanung.	Bewusste Familienplanung allgemein verbreitet, hoher Lebensstandard.
	Hunger, Krankheiten, Seuchen (Schwankungen der Sterberate).	Quantitativ und qualitativ bessere Ernährung, medizinisch-hygienische Fortschritte Impfungen – Seuchenbekämpfung.		Hohes Niveau medizinischer Versorgung und hygienischer Verhältnisse.

(Quelle: Mensch und Raum. Geographie 12/13. a. a. O., S. 396)

Desertifikation

Das Phänomen „Desertifikation" hängt eng mit Dürren und Dürrekatastrophen zusammen, ist jedoch komplexer (natürlicher und anthropogener Art) und hat zeitlich eine erheblich länger anhaltende Wirkung. Einerseits werden die Desertifikationsprozesse durch Dürrejahre verstärkt, andererseits leistet die Desertifikation jedoch der Dürre Vorschub und verstärkt deren Auswirkungen. Desertifikation bedeutet die Ausbreitung wüstenähnlicher Verhältnisse in Gebiete hinein, in denen sie zonal-klimatisch eigentlich nicht existieren sollten. Desertifikation umfasst die Degradation von Böden und Vegetation und führt zu einer kontinuierlichen Verminderung des Weidepotenzials und der Ernteerträge.

Im Gegensatz zur Dürre ist der Mensch an der Desertifikation ursächlich beteiligt. Dadurch kann auch von „man-made-desert" gesprochen werden.

(aus: Mensching, H. G.: Desertifikation. Darmstadt 1990, S. 3 f.)

Auch eine **Raumanalyse** gehört zu ihren Fähigkeiten und Fertigkeiten.

Ziel: Erkennen der Natur- und Humanfaktoren und ihrer Wirkungen auf den Raum, Erfassen von komplexen Raumstrukturen unter Beachtung dominanter Faktoren

1. Analyse der räumlichen Strukturen/Geofaktoren (raumrelevante Faktoren werden einzeln betrachtet)

Lagebedingungen
- Gradnetz
- Region/Großraum
- Klima
- Vegetation
- Böden
- Relief
- Gewässer

Bevölkerung
- Zahl, Dichte, Verteilung, Entwicklung, Wanderung, Wanderungssaldo, Altersstruktur, Lebensweise, Tradition
- Siedlungen, Verteilung, Größe, Anordnung der Wohngebiete
- Zentralität der Orte

Wirtschaft
- Primärer Sektor: Bodennutzung, Agrarstruktur, Bodenbesitzverhältnisse, Anbauformen, Betriebsformen, Betriebstypen, Anbauprodukte
- Sekundärer Sektor: Rohstoffe, Unternehmen, Industriebetriebe, Branchen, Produktionsmerkmale, Standortfaktoren, Strukturwandel
- Tertiärer Sektor: Struktur, Branchen, Verteilung, Schwerpunkte, Forschung und Entwicklung
- Arbeitskräfte, Arbeitspendler
- BIP
- Handelsbilanz
- Warenströme
- Kapitalströme
- Verschuldung
- Rolle des Staates

Verkehr und Kommunikation
- Infrastruktur
- Verkehrsträger
- Verkehrsleistungen
- Verkehrs- und Datennetze

Soziales
- Sozialgruppen
- Einkommen absolut und pro Kopf
- Grundbedürfnisse/Lebensbedingungen
- Armutsgrenze
- HDI

2. Synthese der Ergebnisse (Auswerten der Analyse, In-Beziehung-Setzen der Einzelfaktoren, Herausarbeiten von Wechselwirkungen, Betonen von Besonderheiten)
- Darstellen der Gunst-/Ungunstfaktoren
- Formulieren der Problembereiche
- Aufdecken von Kausalketten und Regelhaftigkeiten
- Aufzeigen des Wirkungsgefüges zwischen den einzelnen Geofaktoren und deren Störungen
- Thematisieren des Zusammenhanges von Gesellschaft, Wirtschaft und Politik im Hinblick auf Raumveränderungen
- Herausarbeiten von Raumveränderungen durch demographische Prozesse
- Vergleichen mit anderen Beispielen
- Charakterisieren des Raumes in einer abschließenden Betrachtung
- Herausstellen der Raumindividualität

3. Reflexion der Ergebnisse
- Überprüfen der Fakten
- Untersuchen der Abweichungen von der Regel
- Suchen nach Lösungsmöglichkeiten, Alternativen, Hilfsmaßnahmen
- Einordnen in einen Gesamtzusammenhang
- Bewerten in kritischer Stellungnahme
- Transfer auf andere Raumbeispiele

Desertifikation

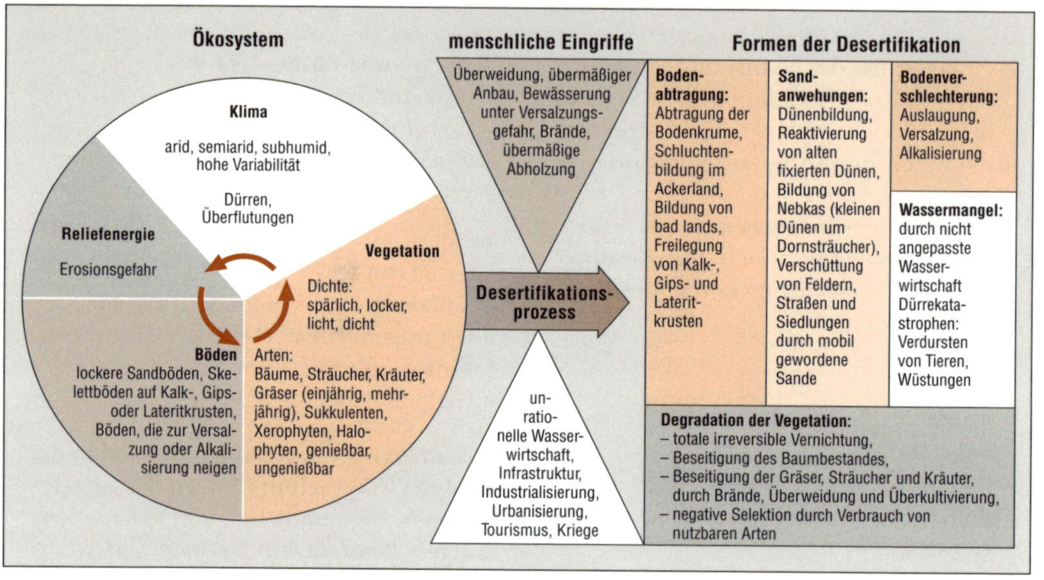

(Quelle: Geographie 12/13, S. 26)

Dürrekatastrophe: Hohe Variabilität der Niederschläge ist im Sahel die Regel, d. h., Zeiten mit anhaltender Wasserknappheit aufgrund ungenügender Niederschläge auch über mehrere Jahre sind natürlich und keine Katastrophe (im klassischen Sinn). Zu katastrophalen Folgen führt die unangepasste Nutzung, d. h. das Verlegen der Anbauzonen über die agronomische Trockengrenze und die Überweidung.

Ihre Prüfungsleistung –
was bei der Bearbeitung der Aufgaben von Ihnen erwartet wird

Teilaufgabe 1 (Anforderungsbereich II; Gewichtung 25 %)

1.1 Mithilfe des Atlas und des Materials M 1 sowie auf der Grundlage der unterrichtlichen Voraussetzungen müssten Sie erläutern können, dass Mali ein beständiges Bevölkerungswachstum von 4,5 Mio. Einwohnern (1960) auf über 11 Mio. zu verkraften hat.

Dramatisch könnten Sie die jährliche Zuwachsrate nennen, die in den Jahrzehnten 1970 bis 1980, 1980 bis 1990 und 1990 bis 2000 von 2,1 % über 2,5 % auf 3,1 % anstieg. Rechnet man die Zuwachsraten hoch, dann müssten 2025 im Staat Mali über 22 Mio. Menschen leben.

Mit einer überschlägigen Anwendung der Zinseszinsformel könnten Sie ebenfalls in zwei Minuten ermitteln, dass sich bei einem „Zinssatz" von über 3 % ein „Kapital" ebenfalls in rund 20 Jahren verdoppelt.

1.2 Was den zweiten Teil der ersten Teilaufgabe angeht, so müssten Sie unter Rückgriff auf frühere Unterrichtsstunden – am besten mit einer kleinen Graphik des typisierten demographischen Verlaufsmodells – aufzeigen können, dass sich Mali noch in der zweiten Phase des demographischen Wandels befindet, da die Geburtenziffer bis zum Ende des

20. Jahrhunderts noch bei 47 Promille lag, während die Sterbeziffer von 28 Promille im Jahre 1960 auf 16 Promille sank, sodass die Wachstumsrate damit weiterhin bei 3,1 Promille lag.

Zusammenfassend könnten Sie die Hypothese formulieren, dass das hohe Bevölkerungswachstum in Mali jeglichen Entwicklungsfortschritt überholen könnte und das geoökologische Potenzial, auf das Sie noch näher eingehen werden, zu überfordern droht. Daher dürften politische, wirtschaftliche und soziale Reformen notwendig sein, die auch Familienplanung einschließen.
Dabei müsste es – so könnten Sie argumentieren – nicht nur um Erklären und Verteilen von Empfängnisverhütungsmitteln gehen, sondern auch um eine weitgehende Gesundheitsvorsorge vor allem im reproduktiven Bereich, die auch die Männer (Dorfälteste, religiöse Führer, Ehemänner) mit einbezöge. Das sich abzeichnende Sinken der Geburtenziffer scheint ein erster Erfolg zu sein.

Teilaufgabe 2 (Anforderungsbereich II und Anforderungsbereich III; Gewichtung 45 %)

2.1 Durch die Auswertung geeigneter Atlaskarten und der thematischen Karten M 1 – M 3 lässt sich leicht ermitteln, dass Mali wegen seiner großen Nord-Süd-Erstreckung (über 15 Breitenkreise) zwischen Oberguineaschwelle und zentraler Sahara Anteil an mehreren tropischen Klimazonen hat. Betonen müssten Sie, dass wegen der Breitenkreislage bei allen Stationen jedoch jahreszeitliche Temperaturunterschiede zu beobachten sind, die in den inneren Tropen etwa zwischen Juli und Januar so nicht zu beobachten sind.
Herausarbeiten müssten Sie aus den Materialien M 1 – M 3 und zusätzlichen Atlaskarten, dass die Niederschläge von Süden nach Norden durch die Verlagerung der ITC abnehmen, die zumindest in den Sommermonaten Niederschläge in Form eines Südwestmonsuns bringen. Zeigen müssten Sie, dass es eine kühlere Trockenzeit (November bis Februar) und eine heiße Trockenzeit (März bis Mai) mit hoher potenzieller Verdunstung gibt, da im Frühjahr gleichzeitig noch eine trockenheißer NO-Passat aus dem Inneren Nordafrikas nach Mali hineinweht. Betonen müssten Sie, dass aber wichtiger als die Menge der Niederschläge deren enorme Variabilität ist, die von Süden nach Norden zunimmt.

2.2 Als weitere Kernaussage zu Aufgabe 2 könnten Sie formulieren, dass das Klima, besonders die Niederschlagsmenge und -verteilung (weniger die Temperaturen), die natürliche Vegetation (Ausnahme: die Flusssysteme von Niger und Senegal) und die Möglichkeiten der Agrarnutzung Malis in hohem Maße bestimmt.
Den Materialien M 1 bis M 5 sollten Sie entnehmen können:

a) dass im Norden Malis wüstenhafte Gebiete existieren und die landwirtschaftliche Nutzung auf Oasen beschränkt bleibt und nomadische Weidewanderungen noch anzutreffen sind.

b) dass in der anschließenden Dornsavanne die Möglichkeiten zur ackerbaulichen Nutzung immer noch sehr rudimentär sind, weil die potenzielle Verdunstung wegen der hohen Temperaturen sehr hoch ist und gleichzeitig oft weniger als 600 mm Niederschlag im Jahr fällt.
Angebaut werden können daher nur Sorghum, Erdnüsse und Bohnen, bei hohem Ernterisiko, die Anbauzonen von Getreide und Feldfrüchten wurden wegen des Bevölkerungsdrucks in die Bereiche der traditionellen Viehhaltung hinein ausgedehnt.

c) dass es in der Feuchtsavanne laut Kartenmaterial bis zu fünf humide Monate und demzufolge ein großes Spektrum an Feldfrüchten und Getreidesorten gibt.

d) dass am Binnendelta des Nil Überflutungsanbau möglich ist, sodass hier Nassreisanbau, Baumwolle und Erdnussanbau sowie die sommerliche Zuwanderung von Tierherden (Transhumanz) realisiert werden kann.

e) dass im Süden von Mali 8 bis 10 humide Monate mit 1400 mm Niederschlag auszumachen sind, sodass hier in der Feuchtsavanne von Sikasso günstige Anbaubedingungen für Hirse, Gerste, Bohnen, Yams und Gemüse herrschen.

2.3 Dennoch können – hier nur stichwortartig – eine Reihe von Problemen der landwirtschaftlichen Produktion aufgeführt werden:

a) die Variabilität der Niederschläge, wiederkehrende Dürren, Gefahr natürlicher Dünenbildung, generelle Anfälligkeit der Böden in weiten Teilen Malis für Erosion, Skelettierung, Versalzung und Alkalisierung, ein daraus resultierende dauerhaftes und wiederkehrendes Ernterisiko

b) die unangepasste Nutzung des Bodens im Norden von Mali, d. h. das Verlegen der Anbauzonen von Getreidesorte und Feldfrüchten über die agronomische Trockengrenze und die Überweidung

c) Nutzungskonflikte von Nomaden und Ackerbauern, insbesondere die Ausweitung von Bewässerungsflächen auf die Weidegebiete

d) die Anlage von Tiefbrunnen in ariden Gebieten, die für permanenten Ackerbau oder sogar für permanente Wohnsiedlungen kaum geeignet sind

e) Expansion des mechanisierten Cash-crop-Anbaus auf Kosten von Wald und Weide, damit verbunden z. T. Überbewässerung und Ausbeutung der Wasserressourcen, Aufgabe der traditionellen Vorratswirtschaft, des saisonalen Nomadismus und des ökologisch angepassten Wanderhackbaus, Import von teuren chemischen Produkten durch die Cash-crop-Produktion, Zwang zur Rationalisierung, Beförderung von Großgrundbesitz, Verdrängung von Kleinbauern, Beanspruchung ausländischen Kapitals, Verteuerung von einheimischen Nahrungsmitteln, Zunahme der Abhängigkeit vom Ausland, Verschlechterung der Ernährungslage der Armen und Landlosen

f) Überweidung bestimmter Sahelgebiete, übermäßige Abholzung, Savannenbrände, Zerstörung der Kraut- und Grasdecken, Bodenabschwemmung, Bodenausblasung, Dünenbildung, Bodenversalzung und Bodenalkalisierung: Das Voranschreiten der Desertifikation als vorläufiges Ergebnis.

Teilaufgabe 3 (Anforderungsbereich III, Text M 6 und Atlas; Gewichtung 30 %)

3.1 Kleinstaudämme: Argumentieren könnten Sie dahingehend, dass Kleinstaudämme ökologisch angepasst sind und die wirtschaftliche Situation der Dörfer verbessern können, ohne die gewachsenen Strukturen dort anzugreifen. Sie können also ein Beitrag zur lokalen Demokratie sein. Außerdem können die Kleinstaudämme mit lokalem Knowhow (Technik, Logistik, Handwerk) erstellt werden und sie kommen ohne die Aufgabe von Kulturland aus. Sie können die Versorgung der Bevölkerung mit Grundnahrungsmitteln sichern und sie scheinen ein Bollwerk zu sein, wenn einmal Dürrephasen drohen. Durch den Verkauf von Überschüssen können Geldeinnahmen erzielt werden. Durch die Erhöhung des Grundwasserspiegels kann die Trinkwasserversorgung möglicherweise verbessert werden.

3.2 Das Agrarforstliche Modell: Dieses Konzept, so sollten Sie aus M 7 ableiten können, ist ein integriertes System von Ackerbau, Viehzucht und Holzproduktion. Die beigegebene Abbildung zeigt eine schematische Darstellung dieses Konzeptes. Die nach dieser Strategie um die Felder herum oder zwischen diese anzupflanzenden Bäume und Büsche, so müssten Sie argumentieren, haben einerseits die Aufgabe, die Winderosion zu stoppen und andererseits den Bauern Brennholz zu liefern. Ziel ist es offensichtlich, eine nachhaltige Nutzung der Ökosysteme in der Sahelzone zu ermöglichen und gleichzeitig das Voranschreiten der Desertifikation zu verhindern. Durch den Einsatz von Mischkulturen in Rotation ließen sich bisher notwendige Brachezeiten verkürzen, in denen sich die Böden in den Savannen Malis erholen. Außerdem sollen die Bauern Chancen erhalten, die Selbstversorgung mit Grundnahrungsmitteln und Holz zu verbessern.

3.3 Als ***Hemmnisse*** der oben aufgeführten Konzepte könnten Sie möglicherweise folgende benennen (hier nur stichwortartig):
- Bodenbesitzverhältnisse müssten geregelt werden.
- Verfechter von Großprojekten (z. B. Großstaudämmen) könnten gegen die Kleinprojekte agitieren.
- Die Konzepte müssen erst einmal effektiv propagiert und von der Bevölkerung akzeptiert werden.
- Der Anbau von Cash-crops und der Abbau von Bodenschätzen für den Weltmarkt gefährdet nachhaltige und angepasste Entwicklungsprojekte.
- Es muss trotz Eigenleistung der Landbevölkerung von der Regierung Malis oder ausländischer Staaten (wie Deutschland) finanzielle Unterstützung gewährt werden.
- In der Anfangsphase ist man auch bei diesen „Bottom-up"-Projekten auf Vertreter in- und ausländischer Hilfsorganisationen angewiesen.

Anforderungen für die Note „gut" (11 Punkte) und „ausreichend" (5 Punkte)

Um die Note „gut" zu erhalten, wird von Ihnen verlangt, dass Sie die Aufgaben voll erfassen und alle drei Teilaufgaben im Zusammenhang und umfassend bearbeiten. Ihre Argumentation muss sich dabei zum einen auf die Verknüpfung der zentralen Aussagen des vorgegebenen Materials und sinnvoll ausgewählten Atlaskarten stützen, zum anderen auf Ihre Sach-, Methoden- und Orientierungskompetenz mit deutlichem Bezug zum Thema. Sie können die Bevölkerungsentwicklung Malis umfassend erläutern (AFB II) und das Land in das Modell des demographischen Übergangs korrekt und gut begründet einordnen. Sie können das naturräumliche Potenzial Malis umfassend und differenziert darstellen und erläutern. Sie beschreiben und erörtern die möglichen Zielsetzungen des Baus von Kleinstaudämmen und agrarforstlicher Projekte mit begründeten Argumenten.

Ihre Ausführungen sind sachlogisch strukturiert, fachsprachlich korrekt und im Elementarbereich einwandfrei.

Um mindestens die Note „ausreichend“ zu erhalten, müssten Sie die drei Teilaufgaben in den Grundzügen solide bearbeiten. Sie müssten die Bevölkerungsentwicklung analysieren und das Land in das Modell des demographischen Übergangs einordnen können, sie müssten das naturräumliche Potenzial erläutern und die tatsächliche Agrarnutzung analysieren. Mögliche Probleme der landwirtschaftlichen Nutzung in Mali müssten plausibel angerissen werden. Die Entwicklungsmodelle, die in Aufgabe 3 zu bearbeiten sind, müssten solide erörtert werden.

Die Anwendung der Fachsprache müsste auch in einer nur „ausreichend“ genannten Abiturklausur ohne erhebliche Mängel erfolgen und die Darstellung müsste sachgerecht und in den wesentlichen Bereichen folgerichtig sein.

Lösung Aufgabe 1

Mali verzeichnet ein beständiges Bevölkerungswachstum von rd. 4,5 Mio. Einwohner 1960 auf 11,2 Mio. im Jahr 2000. Das durchschnittliche jährliche Wachstum betrug zwischen 1970 und 1980 2,1 % und stieg von 1980 bis 1990 auf 2,5 %. Von 1990 bis 1998 lag es bei 2,9 %, im Jahr 2000 bei 3,1 %. Für 2025 werden über 22,5 Mio. Einwohner prognostiziert. Mali befindet sich (noch) in der zweiten Phase des demographischen Wandels. Die Geburtenziffer lag bis Ende der 1990er-Jahre fast unverändert bei 50 ‰ und sinkt seit 1998/99 leicht (2001: 47 ‰), die Sterbeziffer sank von 28 ‰ (1960) auf 16 ‰ (2001). Die Wachstumsrate liegt damit weiterhin bei 3,1 %.

Lösung Aufgabe 2

Das Staatsgebiet erstreckt sich von der Oberguineaschwelle bis in die zentrale Sahara zwischen 10° N und 25° N sowie zwischen 4° W und 12° W. Die Gesamtfläche umfasst 1 240 000 km² (etwa dreieinhalbmal so groß wie Deutschland). Infolge der großen Nord-Süd-Ausdehnung hat Mali Anteil an mehreren Klimazonen.

Aufgrund der Breitenkreislage besteht bei allen Klimastationen ein erkennbarer Unterschied zwischen Januar und Juli. In Tessalit mit einem Temperaturunterschied von 20 – 28 °C herrscht im Gegensatz zu den inneren Tropen ein Jahreszeitenklima. Bei den äquatornäheren Stationen fällt mit Einsetzen der Regenzeit die Temperatur, da Bewölkung, Niederschlag und Verdunstung am Boden die Temperaturen verringern. In Sikasso beträgt die mittlere Temperatur im Januar 22 °C. Das Maximum liegt im April mit 30 °C. Dann erfolgt eine Temperaturabnahme aufgrund der Regenzeit bis zu einem Minimum von 23 °C, dem ein erneuter Anstieg gegen Ende der Regenzeit folgt.

Die Niederschläge nehmen von Süden nach Norden durch die Verlagerung der ITC ab, die in den Sommermonaten die Niederschläge bringt. Es handelt sich nicht um eine durchgehende Regenzeit, die tägliche Niederschläge bringt, sondern feuchte Perioden werden von niederschlagsfreien unterbrochen.

Im südlichsten Landesteil erreichen die Niederschläge 1000 bis 1500 mm mit sechs bis vier humiden Monaten (Sikasso, Bamako). Im zentralen Teil des Landes bestimmt den Jahresrhythmus eine Regenzeit von Juni bis Oktober. Gao im Landesinnern bei 16° N

weist noch zwei humide Monate auf, eine kühlere Trockenzeit von November bis Februar und eine heiße Trockenzeit von März an mit hoher potenzieller Verdunstung (über 2000 mm/Jahr). Nach Norden sinken die Niederschläge und die potenzielle Verdunstung steigt (siehe Tessalit).
Entscheidender als die Menge ist die Variabilität der Niederschläge, die von Süden nach Norden zunimmt. Festzuhalten ist das Wachsen der Variabilität bei Abnahme der Gesamtniederschläge von Süden nach Norden.

Im (Nord-)Winter liegen Hochdruckgebiete über der Sahara, es weht ein trockener Nordost-Passat (Harmattan) in Westafrika. Im (Nord-)Sommer bilden sich über der Sahara Hitzetiefs, zu denen feuchte tropische Luftmassen strömen. Die Lage der ITC verändert sich mit dem Stand der Sonne. Allerdings pendelt der nördliche Rand der ITC wellenförmig und stößt in verschiedenen Jahren unterschiedlich weit nach Norden vor, woraus sich feuchte Jahre bei weitem und geschlossenem Aufbau bzw. Dürrejahre bei südlicher Lage und starkem Mäandrieren der Front ergeben.

Die Vegetationszonen ergeben sich aus der Niederschlagsverteilung und der Dauer der Trockenzeit. Von Süden nach Norden folgen Feuchtsavanne, Trockensavanne mit dürreverträglichen Bäumen (bei fünf bis acht ariden Monaten), Dornbuschsavanne (acht bis zehn aride Monate), Halbwüste und Wüste. Durchbrochen wird diese Aufteilung durch den Fremdlingsfluss Niger.

Die Niederschlagsverteilung bestimmt die Möglichkeiten der Agrarnutzung mit zunehmender Intensität vom Norden (Wüste; stellenweise Oasenwirtschaft, z. T. Nomadismus) über die Dorn- und Trockensavannen (Weidewirtschaft, Trocken- bzw. Bewässerungsfeldbau im Einzugsbereich von Niger und Senegal) bis zur Feuchtsavanne.

Risiken und Probleme ergeben sich aus der hohen Variabilität der Niederschläge. Dabei ist nicht nur die Gesamtmenge der Niederschläge bestimmend für die Erträge, sondern auch deren Verteilung während der Regenzeit/Vegetationsperiode. Tritt eine zu lange trockene Periode während der Regenzeit auf, so besteht die Gefahr, dass die Pflanzen vertrocknen, da in dieser Zeit des hohen Sonnenstands die potenzielle Verdunstung sehr hoch ist und die Böden verhärten können.
Das Klima bestimmt die natürliche Vegetation, mit Ausnahme der Flusssysteme von Niger und Senegal, und die Anbaumöglichkeiten. Im Norden Malis in Timbuktu (M 2a) und in Tessalit (M 4) ist Wüste. Die landwirtschaftliche Nutzung bleibt auf die Oasen beschränkt, in denen Gartenbau mit Stockwerksanbau (Dattelpalmen, Obst, Gemüse usw.) betrieben wird. Haustiere wie Ziegen und Schafe) werden wegen der Raumenge nur in geringem Maße gehalten.

Die periodische Weidewanderung der Nomaden ist nahezu zum Erliegen gekommen. Kamelkarawanen sind bis auf wenige Ausnahmen, z. B. die berühmte Salzkarawane von Timbuktu nach Taoudenni zu den Salzminen, verschwunden.

In der Dornsavanne (Station Gao, M 3) fallen die Niederschläge von Mai bis Oktober. Wegen der hohen Temperaturen liegt die potenzielle Verdunstung bei bis zu 2400 mm, wodurch die Möglichkeit zur ackerbaulichen Nutzung stark eingeschränkt wird. Als agronomische Trockengrenze gilt in diesem Raum die 600-mm-Isohyete. Nördlich von ihr wird regional gelegentlich, südlich von ihr wird regelmäßig eine Aussaat vorgenommen, die bei ungünstiger Niederschlagsverteilung zu wiederholen ist. Angebaut werden vor allem Sorghum, Erdnüsse und Bohnen. Das Ernterisiko ist hoch. Aufgrund des hohen Bevölkerungswachstums wurden die Anbauzonen zu weit nach Norden ausgedehnt. Sie liegen heute auch in den Bereichen der traditionellen Viehhaltung mit Schafen, Ziegen, Rindern und Kamelen. In diesen Gebieten traten während der Dürrejahre hohe Verluste an Tieren auf.

Die Feuchtsavanne (Station Bamako, M 3) wird durch vier bis fünf humide Monate mit deutlicher Temperaturabsenkung geprägt. Die Jahresniederschläge liegen zwischen 700 mm im Norden und 1200 mm im Süden. Die Erntesicherheit ist hoch, das Anbauspektrum der Feldfrüchte erweitert sich auf Erdnüsse, Mais, bei größerer Trockenheit Hirse und im Osten auch Baumwolle.

Eingelagert ist der Bereich des Fremdlingsflusses Niger, an dem Überflutungsanbau bzw. Bewässerungsanbau für Nassreis, Weizen und Gemüse betrieben wird. Außerdem besteht eine sommerliche Zuwanderung von Herden (Transhumanz).
Im Süden des Landes fallen in acht bis zehn Monaten bis zu 1400 mm Niederschlag (Station Sikasso, M 3). Hier herrscht Feuchtsavanne vor mit günstigen Anbaubedingungen für Hirse (Sorghum), Gemüse (vor allem Bohnen) und Yams. Baumwolle wird wegen der hohen Feuchtigkeit kaum angebaut. Die Züchtung tsetsefreier Rassen ermöglichte Rinderhaltung.

Lösung Aufgabe 3

Die Kleinstaudämme sind ein Beispiel für eine nachhaltige Entwicklung, da sie ökologisch angepasst sind. An einem kleinen natürlichen Rückhaltebecken legen die Dorfbewohner einen kleinen Staudamm an (M 6). Zu Beginn der Regenzeit Mai–Juni passiert das Hochwasser das Speicherbecken und gelangt auf die Felder. Die mitgeführten Schwebeteilchen düngen den Boden. Zwischen Juli und Oktober wird der Grundablass des Speichers geschlossen und das Becken aufgefüllt. Eine erforderliche Zusatzbewässerung erfolgt für die Felder unterhalb des Wehres. In der Trockenzeit von November bis Februar schließt sich eine reine Bewässerung an.
Kleinstaudämme verbessern die wirtschaftliche Situation der Dörfer, ohne die gewachsenen Sozialstrukturen anzugreifen, und stärken das Demokratieverständnis und die Solidarität, da alle Entscheidungen gemeinsam gefällt werden. Durch die Eigenleistungen wird das Verantwortungsgefühl für die Kleinstaudämme erhöht und einer „Nehmermentalität“ entgegengetreten. Die Projekte sind vergleichsweise kostengünstig. Die Kleinstaudämme reaktivieren außerdem das Wissen der einheimischen Bevölkerung und beinhalten keine technischen sowie logistischen Probleme. Kulturland geht nicht verloren, Umsiedlungsaktionen finden nicht statt. Die Bewässerung und damit die Erntesicherheit sind auch bei Dürre für ein Jahr gegeben.
Zu den positiven Effekten gehört auch, dass Neuland gewonnen werden kann. So wird die Bereitstellung der Grundnahrungsmittel für die Dorfgemeinschaften ermöglicht. Überschüsse können auf den lokalen und regionalen Märkten verkauft werden. So erhalten die Kleinbauern Geld und die Landstädte werden besser mit kostengünstigen Nahrungsmitteln versorgt. Auf diese Weise werden Stämme in die (Geld-)Wirtschaft und damit in den Staat integriert. Der Vorteil für die Bauern ist, dass sie bei mehrjähriger Dürre Grundnahrungsmittel kaufen können. Der Vorteil für den Staat ist, dass die Bauern nun in der Lage sind, Steuern zu zahlen. Durch die Erhöhung des Grundwasserspiegels wird zudem die Trinkwasserversorgung verbessert.

Die Agrarforstwirtschaft ist ein integriertes System von Ackerbau, Viehzucht und Holzproduktion, d. h., es kombiniert land- und

forstwirtschaftlichen Anbau. Die Graphik M 7 zeigt ein Modell des Konzeptes. Die Felder werden mit Grundnahrungsmitteln, Marktfrüchten und Cash-crops bestellt. Um die Felder herum oder zwischen die Felder werden standortgerechte Bäume und Büsche angepflanzt wie z. B. Akazien und Marktfruchtbäume, aus deren Früchten Fett und Seife hergestellt werden. Die Bäume und Büsche haben außerdem die Aufgabe, die Winderosion zu stoppen und den Bauern Brennholz zu liefern. Blätter und junge Triebe der Bäume liefern zusätzliches Futter für die Haustiere. Auf Brachflächen erfolgt eine Wiederaufforstung, sodass die Flächen zu einem späteren Zeitpunkt wieder für die Holz- und Weidenutzung zur Verfügung stehen.
Die Ziele der Agrarforstwirtschaft bestehen in der nachhaltigen, ökologischen Nutzung des Ökosystems, um Desertifikation zu vermeiden. Die Kleinbauern sollen gefördert werden, um die Selbstversorgung mit Grundnahrungsmitteln zu verbessern. Durch eine bessere Anbindung der Bauern an die regionalen und lokalen Märkte und den Verkauf der Überschüsse wird eine allgemeine Hebung der Ernährungssituation erreicht. Eine Rationalisierung der Viehwirtschaft und ihre bessere Einbindung in den Markt tragen zum Abbau der Mangelernährung mit tierischem Eiweiß bei.

Beide Maßnahmen, der Bau von Kleinstaudämmen und die agrarforstliche Nutzung, erfordern die Mitarbeit der ländlichen Bevölkerung und den Einsatz von Kapital, das von der Regierung und/oder durch Entwicklungshilfe bereitgestellt werden muss. Projekte dieser Art kommen ohne die Mitarbeit von Entwicklungshelfern nicht aus. Ergänzend zu den Bodenbewirtschaftungsreformen muss eine Bodenbesitzreform stattfinden, die den Familien einen bleibenden Anspruch auf die Fläche sichert und so die Eigenverantwortung fördert. Bisher gehörte das Land im Nordsahel den Stämmen oder den Dorfgemeinschaften.

Zu den Hemmnissen einer nachhaltigen Entwicklung gehört auch die Nahrungsmittelhilfe, die – außer in Katastrophenfällen – eingeschränkt werden muss, da sie das Preisgefüge des Binnenmarktes stört und verhindert, dass Bauern über den Subsistenzbedarf hinaus Grundnahrungsmittel anbauen. Auf lokaler und regionaler Ebene kann es nur zu ökonomischen und sozialen Verbesserungen kommen, wenn die Kombination von Selbsthilfe, Selbsthilfeförderung durch Entwicklungsorganisationen und Ressourcenmanagement durch den Staat auch zum Tragen kommt.
Auf nationaler Ebene müssen parallel eine Rücknahme der Ackerbaugrenze und eine Reduzierung der Herdengrößen erfolgen. Ferner sind Stilllegungen von Brunnen erforderlich, um Überweidung zu verhindern. Teure Großprojekte wie die Großstaudämme Sélingué und Manantali im Süden des Landes stellen zu den angepassten, kleinen und kostengünstigen Projekten keine wirkliche Alternative dar. Sie verändern die Grundwasserstände und die natürliche Vegetation, zwingen ehemalige Bauern, ihre Felder aufzugeben und als Landarbeiter zu arbeiten, und belasten jahrelang den Staatshaushalt. Die Durchführung anderer Projekte wird damit in Frage gestellt. Das nach wie vor größte Hemmnis für eine nachhaltige Entwicklung bleibt das Bevölkerungswachstum.

3.3 Thema: Ursachen, Formen und Auswirkungen des Tourismus auf Bali

Aufgabenstellung

1. Erarbeiten Sie die Gunstfaktoren für den Tourismus auf Bali (Werbefoto M 1, M 2, Atlas).
2. Vergleichen Sie die touristische Entwicklung von Kuta und Nusa Dua und bewerten Sie diese (M 3 bis M 5).
3. Erörtern Sie die Möglichkeiten, die geeignet sein könnten, die negativen Auswirkungen des Tourismus auf Bali zu minimieren.

Hilfsmittel: Atlas, Taschenrechner

M 1 Werbefoto von Bali

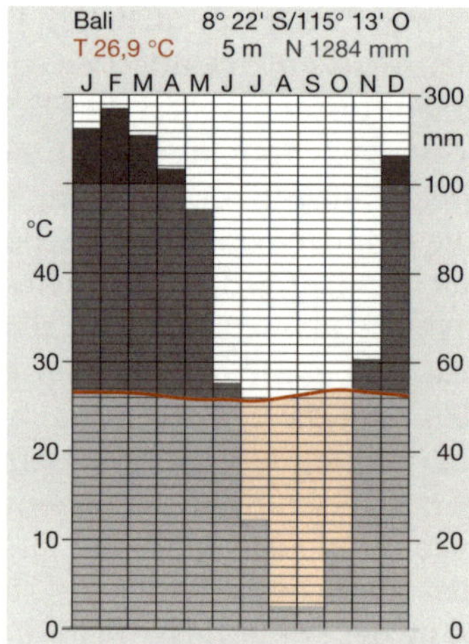

(Quelle: Werbefoto – Internet; Klimadiagramm – Mensch und Raum. Geographie 12/13. Gymnasiale Oberstufe. a. a. O., 2001, S. 78)

M 2 Tourismusangebote und -infrastruktur auf Bali

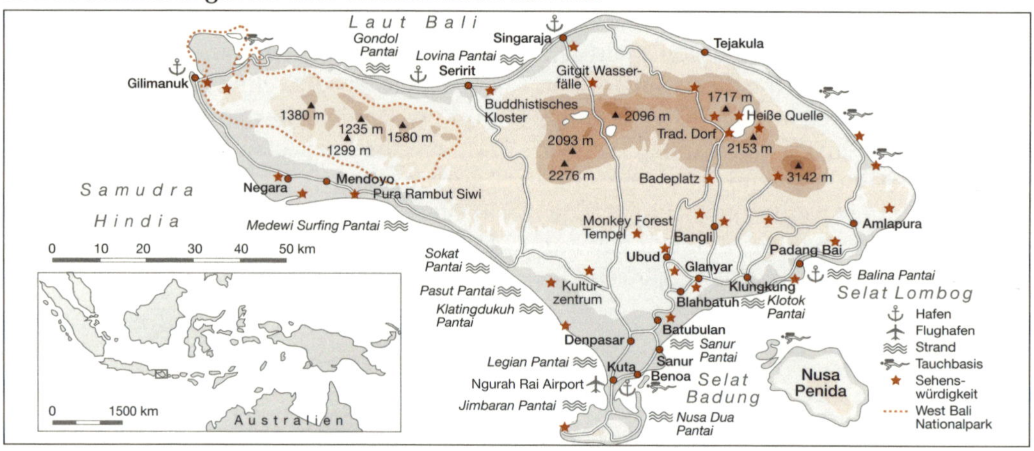

(Quelle: Mensch und Raum. Geographie 12/13. Gymnasiale Oberstufe. a. a. O., 2001, S. 79)

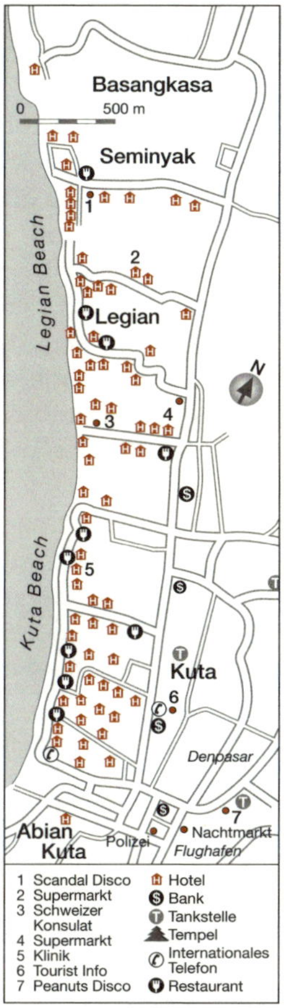

M 3 Entwicklung von Kuta und Nusa Dua

M 4 Nusa Dua

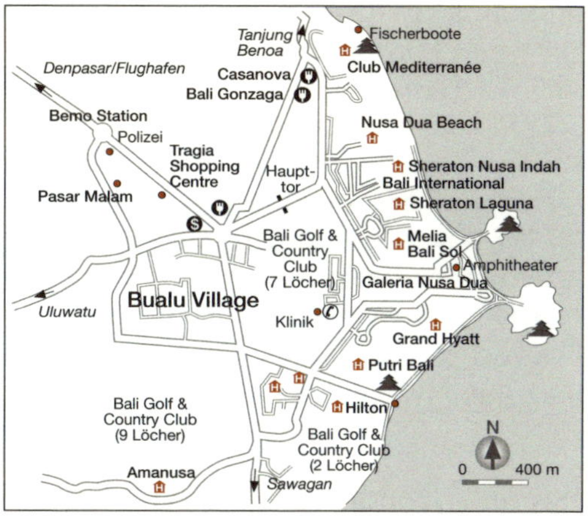

(Quelle: Mensch und Raum. Geographie 12/13. Gymnasiale Oberstufe. Cornelsen Verlag Berlin 2001, S. 79)

M 5 Entwicklung von Kuta und Nusa Dua

Kuta: Der Süden mit seinen weißen Stränden ist das touristisch am besten erschlossene Gebiet Balis. In den touristischen Hochburgen – Sanur, Legian, Nusa Dua und Kuta – finden die in- und ausländischen Gäste alles, nur keine einsamen Strände.

Als in den 1960er-Jahren die ersten Individualreisenden in den kleine Fischerort Kuta kamen, um am Strand zu liegen und zu baden, staunten die Balinesen nicht schlecht, wohnten doch für sie die bösen Geister im Meer. Schon bald erkannten die Einheimischen die guten Verdienstmöglichkeiten durch die Vermietung von Privatunterkünften und Restaurants, die sich nach und nach auf westliche Speisen umstellten. Zunehmend investierten Geschäftsleute aus ganz Indonesien in Kuta, sodass es bereits 1975 neben 250 Privatunterkünften einige teure Hotels gab.

Die Zahl der Touristen stieg stetig an, wobei zunehmend der Anteil der Kurzzeit- und Pauschaltouristen dominierte. Aber auch die Kriminalität, die Drogendelikte, die Prostitution und mit ihr die Ausbreitung von Geschlechtskrankheiten und AIDS wuchsen an. Heute will in Kuta niemand mehr etwas vom Fischen wissen, „Business“ ist das Zauberwort.

Die lärmende Touristenmetropole Kuta mit ihren unzähligen Boutiquen, Restaurants,

Hotels, Souvenirläden, Reiseunternehmen und Diskos hat nichts mehr mit dem ehemaligen Fischerdorf gemein. Zudem expandiert Kuta immer noch schneller als die „Polizei erlaubt". So entstand im Süden (nahe dem Flughafen) ein Freizeitpark mit Riesenrutsche und Hamburger-Ständen.
(nach: Urban, G.: Bali und Lombok. Bielefeld 1999, S. 301 ff.)

Nusa Dua: Anfang der 1990er-Jahre wurde mithilfe der Weltbank für die Bukit-Halbinsel ein neues Konzept entwickelt. Dabei sollte sich der Massentourismus in einer riesigen „Fünf-Sterne-Freizeitanlage" in Nusa Dua konzentrieren, um das übrige Bali vor der „Überfremdung" zu schützen
Da der wasserdurchlässige Kalkboden kaum agrarische Nutzung zuließ, war die Bevölkerungsdichte hier entsprechend niedrig.
Zugleich ermöglichte die Nähe zu Denpasar und zum Flughafen eine zügige Errichtung der notwendigen Infrastruktur (Schnellstraße, Wasser- und Stromanschlüsse, Telefonnetz).
Zunächst wurden fünf Luxushotels im Bali-Stil, die 1990 über 1778 Zimmer (80 bis 1200 US-$ pro Nacht) verfügten, in großflächigen Parkanlagen mit Privatstrand erbaut. Pro Zimmer wird mit 1,8 Personalstellen gerechnet, wobei noch weitere Arbeitsplätze im Mantelbereich hinzukommen. Die Hotelgäste, Pauschalreisende der gehobenen Kategorie, verlassen in der Regel nur bei organisierten Tagestouren das Hotelgelände bzw. die privaten Strandabschnitte.
Doch entgegen der Zusicherung der indonesischen Regierung entstehen auch hier immer neue Hotelanlagen. Während Investoren früher für den Bau eines Hotels 26 Genehmigungen benötigten, sind es heute nur noch zwei.
(nach: Mittag, W. u. a.: Mensch und Raum, Geographie 12/13, Berlin 1998, S. 199)

Ihre unterrichtlichen Voraussetzungen
Worüber Sie vor dieser Abiturklausur Bescheid wissen sollten

(Bali wurde als Raumbeispiel im Unterricht nicht behandelt.)
Sie beherrschen alle Kompetenzen sowie die folgenden, den fachlichen Inhalten zuzuordnenden Aspekte:
- Merkmale der Geofaktoren in den tropischen Feuchtklimaten (gemäß der Klassifikation von Troll und Paffen)
- Tourismus als potenzieller Entwicklungsfaktor und raumprägende Kraft
- Tourismusarten (z. B. Badetourismus, Städtetourismus, Bildungstourismus)
- Kennzeichen und Auswirkungen des Massentourismus, Merkmale des sanften Tourismus
- räumliche Disparitäten und Entwicklungsindikatoren von Ländern unterschiedlichen Entwicklungsstandes

Was zu Ihrem Basiswissen gehört:

Ideale Tourismusverhältnisse

Übernachtungen	*Hotels der verschiedenen Kategorien, Privatzimmer, regelmäßig vermietete Ferienwohnungen/-häuser, von denen die Mehrheit Besitz der Einheimischen ist*
Zusammenarbeit	*Gemeinsame Vermarktung der Hotel- und Pensionsbetten im Rahmen einer einheitlichen Strategie*
Saisonalität	*Förderung sowohl einer Sommer- als auch einer Wintersaison (Trockenzeit/Regenzeit) zur besseren Nutzung der Übernachtungskapazitäten*
Zielgruppen	*Keine Konzentration auf eine zu enge (modische und elitäre) Zielgruppe, Betonung von umwelt- und kulturbezogenen Urlaubsformen mit Orts- und Regionsbezug*
Preisniveau	*Keine Orientierung an einem exklusiven Kundenkreis aus sozialen und ökonomischen Gründen*
Landschaft	*Erhalt und Pflege der Kulturlandschaft durch die lokale Landwirtschaft und deren wirtschaftliche Unterstützung durch Bezug von Lebensmitteln und Abgeltung spezifischer landschaftspflegerischer Leistungen*
Kultur	*Eigenständiges kulturelles Leben der Einheimischen ohne Unterwerfung unter die touristischen Erwartungen, aber auch ohne Abschottung von den Gästen*

(Quelle: Wirtschaftsgeographie, S. 175)

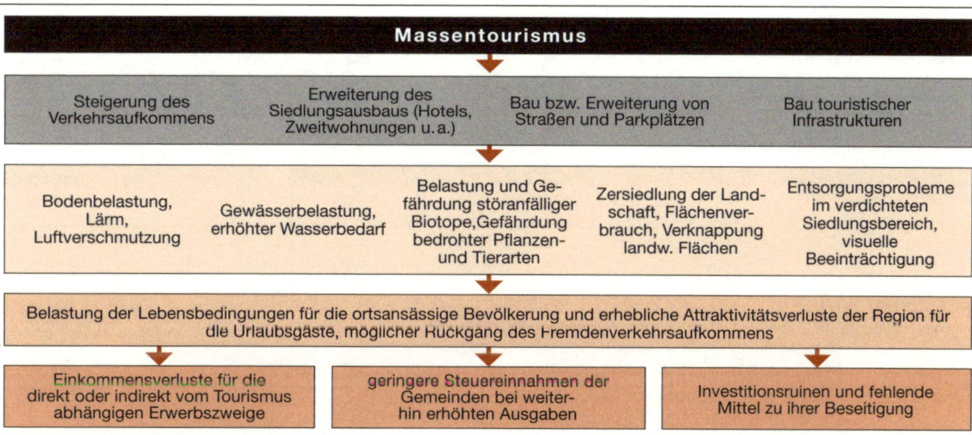

(Quelle: Geographie 12/13, S. 371)

Wachstumsstrategie

Die internationale Entwicklungspolitik setzte bis in die 70er-Jahre auf Entwicklungsstrategien, bei denen hauptsächlich Industrialisierung, Technologietransfer und Großprojekte nach westlichem Standard als Transmissionsriemen für Entwicklung dienten. Deshalb leitete man in den Wachstumspolen der Entwicklungsländer, Hauptstadt, Hafenstädte und ggf. Freihandelszonen, von außen einen Entwicklungsschub, Big Push, ein, der nach und nach die gesamte Wirtschaft eines Entwicklungslandes ankurbeln und alle Landesteile fördern sollte (Trickle-down- oder Sickereffekt). Des Weiteren erhoffte man sich von der Integration der Entwicklungsländer in Weltwirtschaft und Außenhandel – Aid by Trade – weitere entscheidende Entwicklungsimpulse.

> ***Grundbedürfnisstrategie***
> *In Entwicklungsländern führt schnelles Wirtschaftswachstum gewöhnlich dazu, dass große Teile der Bevölkerung von der Entwicklung ausgeschlossen bleiben und deshalb sozio-ökonomische Disparitäten zunehmen. Diese Erkenntnis hat zur Ausformulierung der Grundbedürfnisstrategie geführt. Grundbedürfnisse sind der Mindestbedarf an Nahrungsmitteln, Wohnung und Kleidung, ferner Dienstleistungen wie die Bereitstellung von Trinkwasser, sanitären Einrichtungen, Gesundheits- und Bildungseinrichtungen sowie Verkehrsmitteln. Im Vordergrund der Strategie steht das Prinzip Hilfe zur Selbsthilfe. Die eingeleiteten Maßnahmen sollen den betroffenen Menschen unmittelbar zugute kommen und sie an Vorbereitung und Durchführung der Projekte beteiligen.*

(Quelle: Südostasien. Entwicklungsländer im Aufbruch ins pazifische Zeitalter, S. 142)

Modernisierungstheorie

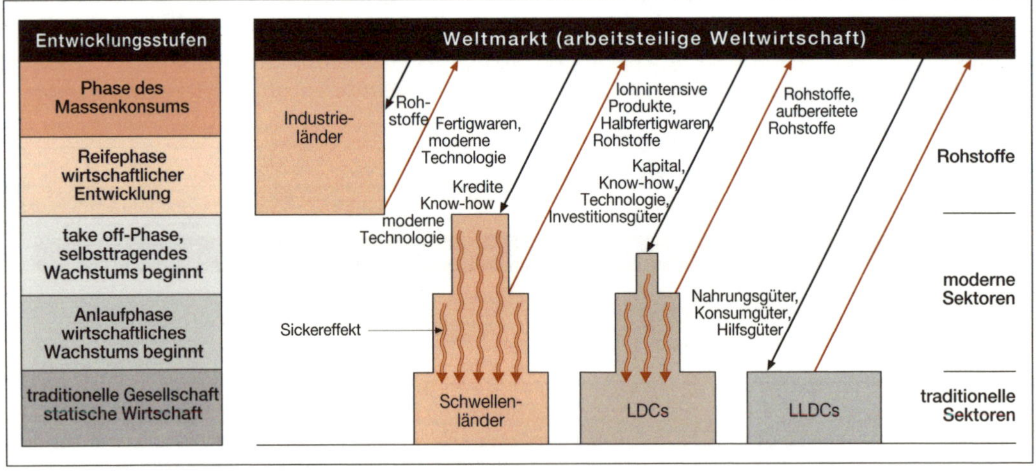

Dependenztheorie

(Quelle: beide Abb. aus Südostasien. Entwicklungsländer im Aufbruch ins pazifische Zeitalter, S. 141)

**Ihre Prüfungsleistung –
was bei der Bearbeitung der Aufgaben von Ihnen erwartet wird**

Teilaufgabe 1 (Anforderungsbereiche I und II; Gewichtung 30 %)

Mithilfe des Atlas sowie der Materialien M 1/M 2 sowie auf der Grundlage der oben angegebenen unterrichtlichen Voraussetzungen sollen Sie die natürlichen und anthropogenen Gunstfaktoren für den Tourismus auf Bali herausarbeiten können. Zum einen müssten Sie die für den Badetourismus relevanten Gunstfaktoren nennen, z. B. dass im Gegensatz zu anderen tropischen Gebieten Südostasiens auf Bali während unserer Sommermonate eine Trockenzeit existiert (vgl. Klimadiagramm M 1, Atlas: „Klima“), mit garantierten Sonnentagen und durchschnittlichen Temperaturen von rd. 27 °C. Zugleich sollten Sie das Werbephoto aus dem Internet ansprechen, das die legendären tropischen, Traumstrände', also mit Palmen gesäumte, weiße Sandstrände ohne Hotelkette oder Industrieansiedlungen präsentiert, die es tatsächlich immer noch auf Bali gibt.
Ergänzen könnten Sie Ihre Ausführungen zum exotischen Badeangebot, dass es im Osten Balis vier größere Vulkanmassive (Atlas: „Tektonik/Vulkanismus“) und heiße Quellen gibt, im Westen zertalte Gebirgsketten (Atlas, M 2), und insgesamt eine abwechslungsreiche Landschaft mit einer typischen tropischen Flora und Fauna (Allgemeinbildung, Kenntnisse aus Reisekatalogen). Außerdem hat man im Nordwesten der Insel den relativ großen „West Bali Nationalpark“ eingerichtet (vgl. Karte M 2).

Was die anthropogenen Gunstfaktoren für den Tourismus auf Bali anbetrifft, so müssten Sie der Karte M 2 entnehmen, dass Bali – unabhängig vom benachbarten Ost-Java – über einen eigenen internationalen Flughafen, den Ngurah Rai Airport, im Süden der Insel, verfügt, ein gut ausgebautes Hauptstraßennetz, einen größeren Hafen (Kuta) besitzt sowie eine vielfältige touristische Infrastruktur mit Touristenunterkünften jeder Kategorie, Restaurants, Bars, Souvenirläden, Golfplätzen, Surf- und Tauchschulen, Discotheken und Geschäften (M 4).
Des Weiteren sollten Sie aus der Karte M 2 ablesen, dass es auf Bali auch religiöse Stätten und Klöster gibt, die für Bildungsreisende wie für den „Rucksacktouristen“ (Low-Budget-Traveller) von Interesse sind. Schließlich sind die intensiv genutzten künstlich bewässerten terrassierten Reisfelder als Ergebnis des natürlichen Potenzials und anthropogenen Handelns ebenfalls für manchen Europäer ein echtes touristisches Erlebnis, das Sie erwähnen könnten, wenn Sie bei dem im Unterricht einmal gestreiften Thema „Kulturpflanzen“ aufmerksam gewesen sind.
Nicht aus den Materialien ableiten können Sie die bekannte Freundlichkeit der Balinesen und deren „exotische“ Kultur (Tänze, Sitten), die Ihnen als Bestandteil Ihrer Allgemeinbildung oder Reisekatalogkenntnisse geläufig sein könnten.

Teilaufgabe 2 (Anforderungsbereiche II und III; Gewichtung 40 %)

Mithilfe der Karten M 3 und M 4 und des Textes M 5 sollten Sie die recht unterschiedliche touristische Entwicklung von Kuta und Nusa Dua beschreiben, erläutern und bewerten können. Sie müssten den Materialien entnehmen können, dass sich das ehemalige Fischerdorf **Kuta** in den letzten dreißig Jahren (d. h. seit 1975) zu einer Metropole des Massentourismus entwickelt hat, die durch eine drastische Bevölkerungszunahme, einen Bauboom (Hotelbauten), Flächenversiegelung, ökonomische Effekte (Errichtung ‚westlich' geprägter Geschäfte, Arbeitsplätze im touristischen Sektor, Arbeitsplätze im informellen Sektor, Abhängigkeit vom Tourismus), Umweltprobleme (Müll, Lärm, Luftbelastung, Wasserverbrauch, Abwasser usw.) sowie auffällige soziokulturelle Auswirkungen (massive Veränderung des traditionellen Lebensalltags, Drogenprobleme, Zunahme der Kriminalität, Kommerzialisierung religiöser Gegenstände und Riten usw.) geprägt ist.

Dabei müssten Sie die Frage aufwerfen, ob der Massentourismus auf Dauer nicht kontraproduktiv ist, wenn die in Aufgabe 1 herausgearbeiteten natürlichen und anthropogenen Gunstfaktoren gefährdet werden. Ebenso müssten Sie die einseitige Ausrichtung auf den Tourismus nach den Ereignissen vom 11. September 2001, vom 13. Oktober 2002 und vom 26. Dezember 2004 kritisch erwähnt werden, wenn Sie die nachhaltige Existenzsicherung der Balinesen im Blick haben.

Aus der Karte M 4 müssten Sie ableiten können, dass man in **Nusa Dua** im Unterschied zu Kuta ein luxuriöses Tourismusprojekt geplant und umgesetzt hat, das durch Golfplätze und räumliche Exklusivität (wie eine „gated community") gekennzeichnet ist.
Sie müssten aber erörtern, dass dieses Projekt von Nusa Dua auch nicht die große touristische Alternative zu Kuta darstellt, da z. B. der Trinkwasser- und Landverbrauch (→ Golfplätze) überdimensional hoch sind, die Partizipation der Einheimischen an den Gewinnen aus dem Tourismus fraglich und die Versorgung der Nobelgäste (Essen, Souvenirs) über Importwaren erfolgt.
Andererseits sollten Sie dem Quellentext M 5 entnehmen können, dass zahlreiche Arbeitsplätze im Hotelsektor und im Mantelbereich des Tourismus geschaffen worden sind.

Teilaufgabe 3 (Anforderungsbereiche I, II und III; Gewichtung 30 %)

Eine Möglichkeit, um die Folgen des Massentourismus zu verringern, wäre gegeben, wenn man – wie Sie aus dem vorangegangenen Erdkundeunterricht in der Oberstufe erinnern sollten – nicht nur auf den ‚harten' Massentourismus, sondern auch auf den ‚weichen' Tourismus auf Bali setzen würde, den es schon vor Jahrzehnten, sogar schon um 1900, auf Bali, Java und in der Südsee (Tahiti) gegeben hat, als Künstler, Pilger, Naturforscher, Völkerkundler, Soziologen und andere Individualreisende kamen, um die Natur, die „Exotik", Naturvölker oder religiöse Stätten Südostasiens und des Pazifiks kennen zu lernen, wie Sie zum Beispiel aus dem Kunstunterricht wissen könnten.

Eine weitere Möglichkeit, die Sie nennen könnten und am Beispiel von Nusa Dua schon in Aufgabe 2 bearbeitet haben, um dem Massentourismus entgegenzusteuern, wäre gegeben, wenn man sich auf Bali wie in Ansätzen auf Mallorca, Teneriffa , Barbados oder Borocay stärker auf den High-income-traveller konzentrieren würde.
Aber dies, so müssten Sie kontrovers ausdiskutieren, wäre mit möglichen Rückgängen im preiswerteren Tourismussegment und mit dem möglichen Verlust von Arbeitsplätzen im informellen Sektor verbunden, auf die aber ein ganzes Heer von Balinesen angewiesen ist.

Anforderungen für die Note „gut" (11 Punkte) und „ausreichend" (5 Punkte)

Um die Note „gut" zu erhalten, wird von Ihnen verlangt, dass Sie die Aufgaben voll erfassen und alle drei Teilaufgaben im Zusammenhang und umfassend bearbeiten. Ihre Argumentation muss sich dabei zum einen auf die Verknüpfung der zentralen Aussagen des vorgegebenen Materials und der sinnvoll ausgewählten Atlaskarten stützen, zum anderen auf Ihre Sach-, Methoden- und Orientierungskompetenz mit deutlichem Bezug zum Thema. Sie können das natürliche und anthropogene touristische Potenzial umfassend darstellen und plausibel als Gunstfaktoren erläutern (AFB I/II).

Sie können die unterschiedlichen touristischen Entwicklungen von Kuta und Nusa Dua differenziert erläutern und kritisch bewerten (AFB III). Zur Lösung von Aufgabe 3 würde es gehören, dass Sie plausible Argumente entwickeln und daraus ableiten, wie man die negativen Auswirkungen des Tourismus auf Bali verringern könnte.
Konzepte wie das der „Nachhaltigkeit" oder Aktionsprogramme wie das der „Agenda 21" (Rio de Janeiro 1992) als Orientierungshilfen für Ihre eigene Argumentation sind für Sie keine unbekannten Ideen (AFB II/III).
Ihre Ausführungen sind sachlogisch strukturiert und fachsprachlich korrekt.

Um mindestens die Note „ausreichend" zu erhalten, müssten Sie die drei Teilaufgaben in den Grundzügen solide bearbeiten. Das heißt, Sie müssten in der Lage sein, zentrale Aussagen zu den Gunstfaktoren für den Tourismus auf Bali zu treffen, die Hauptunterschiede in den touristischen Entwicklungen von Kusa und Nusa Dua aus den beigegebenen Materialien herauszuarbeiten und im Ansatz plausibel zu bewerten.
Im Zuge der Lösung von Aufgabe 3 müssten Sie entweder aus dem Gedächtnis heraus die Unterschiede zwischen dem sog. harten und weichen Tourismus reproduktiv darstellen (AFB I) und daraus Argumente ableiten können, wie man auf Bali Alternativen zum Massentourismus entwickeln könnte, oder Sie müssten sich beispielsweise am Konzept eines „Nachhaltigen Tourismus" orientieren, der weder die Züge des bisherigen Massentourismus auf Bali noch die Züge der Fünf-Sterne-Freizeitanlagen von Nusa Dua trüge, sondern kleiner dimensioniert, landschaftlich und kulturell angepasster wäre.
Die Anwendung der Fachsprache müsste auch in einer nur „ausreichend" genannten Abiturklausur ohne erhebliche Mängel erfolgen und die Darstellung müsste sachgerecht und in den wesentlichen Bereichen folgerichtig sein.

Lösung Aufgabe 1

Zum einen sind die für den Badetourismus entscheidenden natürlichen Gunstfaktoren zu nennen. Entgegen zahlreichen anderen tropischen Gebieten Südostasiens herrscht auf Bali während unserer Sommermonate Trockenzeit (M 1), was einer Garantie für Sonnentage entspricht mit durchschnittlichen Temperaturen um 27 °C. Zugleich bietet Bali zahlreiche tropische „Traumstrände", also mit Palmen gesäumte, weiße Sandstrände ohne Industrieansiedlungen. Ergänzt wird dieses exotische Badeangebot durch zahlreiche Attraktionen im Hinterland. Neben einer z. T. erhaltenen tropischen Flora und Fauna gibt es Vulkane, heiße Quellen sowie eine abwechslungsreiche Landschaft.
Zu den anthropogen bedingten Gunstfaktoren zählen neben der Freundlichkeit der Balinesen und deren „exotischer" Kultur auch die damit verbundenen religiösen und kultu-

rellen Stätten und Tempel. Nicht zu vergessen ist dabei die vielfältige touristische Infrastruktur. Neben zahlreichen Hotels, Restaurants, Souvenirläden, Golfplätzen, Freizeitangeboten, Tagesausflügen kann man Bali vergleichsweise einfach per Flugzeug über den internationalen Flughafen Ngruah Rai aus der ganzen Welt erreichen.
Aufgrund der touristischen Tradition und des umfangreichen Angebotes gestaltet sich die Angebots- sowie Preispalette für Balireisende besonders vielfältig. Durch die zahlreichen preiswerten Hotels und die vergleichsweise geringen Preise vor Ort gilt Bali für Australier, die die Insel in wenigen Flugstunden erreichen, als „Mallorca in Südostasien". Aber auch europäische Touristen schätzen die vergleichsweise geringen Preise, sodass man sich im Urlaub so manches mehr leisten kann.

Lösung Aufgabe 2

Das Fischerdorf Kuta entwickelte sich seit den 1960er-Jahren zu einem Badeort. Schon 1975 gab es über 250 touristische Unterkünfte. Die Anzahl der Pauschal- und Kurzzeittouristen dominierte zunehmend. Daneben nahm die Anzahl der Restaurants, Bars, Souvenirladen und Reiseläden stetig zu. Das ehemalige Fischerdorf wird heute als lärmende Touristenmetropole des Massentourismus beschrieben, die immer noch wächst.

Neben negativen Entwicklungen wie der wachsenden Kriminalität, der zunehmenden Drogendelikte, der Prostitution und der unkontrollierten Zuwanderung sind aber auch zahlreiche Arbeitsplätze im Tourismusbereich sowie im informellen Sektor entstanden.
Dabei scheint der Gewinn aus dem Tourismus auf eine vergleichsweise große Anzahl von Personen verteilt zu werden, auch wenn diese nur durch den informellen Sektor daran partizipieren. Offen bleibt, ob die negativen Folgen des Massentourismus – wie die Umweltverschmutzung, Lärmbelästigung, zunehmende Bebauung – nicht die eigentliche Basis des Badetourismus auf Dauer zerstören.

Dagegen wurde im kaum besiedelten Nusa Dua ein luxuriöses Tourismusprojekt umgesetzt. Neben zahlreichen weitläufigen Luxushotels mit über 1778 Zimmern (1990) wurden auch drei Golfplätze angelegt. Somit entstanden hier neben den rund 3200 Arbeitsplätzen in den Hotels Arbeitsplätze im Mantelbereich. Drogendelikte, Kriminalität sowie Prostitution scheinen im Gegensatz zu Kuta hier ebenso ein geringes Problem darzustellen wie die Überfremdung der einheimischen Bevölkerung durch Zuwanderung.
Der exklusive Charakter von Nusa Dua könnte aber nachhaltig durch immer neue Hotelanlagen gestört werden. Während die Einheimischen keinen Zugang zu den großräumig angelegten Hotelbereichen haben, sind sie direkt durch den hohen Wasserverbrauch der Hotelanlagen betroffen. Zudem ist zu bedenken, dass der größte Teil des Gewinns der internationalen Luxushotels nach Java bzw. ins Ausland abfließt.

Lösung Aufgabe 3

Wie die Ausführungen im M 5 dokumentieren, gibt es aus ökonomischer, gesellschaftlicher und ökologischer Sicht Auswirkungen des Tourismus auf Bali, die man als negativ bezeichnen und tabellarisch wie folgt darstellen kann:

aus ökonomischer Sicht	*aus gesellschaftlicher Sicht*	*aus ökologischer Sicht*
– *zahlreiche Arbeitsplätze für gering qualifizierte Arbeitskräfte* – *zahlreiche Arbeitsplätze im informellen Sektor* – *höherer Lebensstandard für eine relativ breite Bevölkerungsschicht* – *Touristen und Geschäftsleute geben Milliarden US-Dollar aus* – *zum Teil fließt Gewinn ins Ausland bzw. nach Java ab* – *Abhängigkeit vom Tourismus*	– *Drogenprobleme* – *Kriminalität* – *Prostitution* – *Überfremdung durch Zuwanderung aus anderen Teilen Indonesiens* – *zum Teil Verwestlichung der Kultur (McDonaldisierung)* – *Veränderung des traditionellen Lebensalltags* – *Störung religiöser Zeremonien* – *Kommerzialisierung und Zweckentfremdung religiöser Gegenstände u. Bräuche*	– *Versiegelung von Flächen* – *Wasserverbrauch* – *Absinken des Grundwasserspiegels* – *Müll und Abwasser* – *Umweltzerstörung u. a. durch ungeplante und unkontrollierte Expansion* – *Lärm- und Luftbelastung*

Andererseits gibt es, insbesondere aus ökonomischer Sicht, auch viele positive Effekte als Folge des Tourismus auf Bali, die man trotz aller einschränkenden Bewertung nicht ignorieren darf. Dazu zählen nicht zuletzt die zahlreichen direkt bzw. indirekt durch den Tourismus bedingten Arbeitsplätze im Dienstleistungsbereich, selbst wenn es sich dabei zu einem großen Teil um wenig qualifizierte mit vergleichsweise geringen Einkommen handelt, die von Schwankungen im Tourismussektor unmittelbar betroffen sind. Teilweise sind es auch nur saisonale Arbeitsplätze.
Aber die weltgrößte Tourismusbörse in Berlin hat sowohl im Frühjahr 2003, d. h. nach dem schweren Terroranschlag von Kuta im Oktober 2002, als auch im Frühjahr 2005 nach der verheerenden Tsunami-Katastrophe am 26. Dezember 2004 gezeigt, dass man trotz der Kenntnis um die unerwünschten Folgen des Massentourismus intensiver als je zuvor um Touristen aus Europa wirbt, weil die große Zahl der Balinesen, die im Tourismus oder im informellen Sektor arbeiten, um ihre Existenz bangt, wenn die Europäer ausbleiben und andere Ziele als Indonesien ansteuern sollten.

Möglichkeiten, um die negativen Folgen des Tourismus, besonders des Massentourismus, zu minimieren, bestehen im so genannten „Sanften Tourismus". Dazu zählt die Umweltverträglichkeit, d. h. dass Tourismus mit der gesamten natürlichen Umwelt wie Flora und Fauna sowie den natürlichen Ressourcen Boden, Wasser und Luft in Einklang zu bringen sei. Außerdem wird Sozialverträglichkeit gefordert. Darunter versteht man die Bewahrung der gesellschaftlichen Ordnung in der Zielregion und deren eigenständige Entwicklung. Sanfter Tourismus fördert daher eine breite Streuung des ökonomischen Nutzens in der Region und ist als eine Möglichkeit anzusehen, den anderen als den gewohnten Alltag zu erleben. Er zielt damit auf die Erhaltung der Lebensqualität und achtet darauf, dass quantitatives touristisches Wachstum unter Berücksichtigung ökologischer Belange sowie sozialer Folgekosten erfolgt. Allerdings muss der Verbraucher dafür auch höhere Preise in Kauf nehmen.

Die Ziele des sanften Tourismus lassen sich folgendermaßen zusammenfassen:
- Beschränkung des Massen-, Stärkung des Individualtourismus
- Konzentration auf Erschließungsschwerpunkte
- Vermeidung von Hotelverbauung zugunsten von Pensionen und Privatzimmern
- Verzicht auf Fremdenverkehrseinrichtungen
- Angepasste Infrastrukturmaßnahmen
- Reisen mit öffentlichen Verkehrsmitteln
- Erhaltung und Förderung von landesüblichen Bauweisen
- Rücksicht auf Sitten und Gebräuche
- Anpassung an soziale und kulturelle Bedingungen
- Unterstützung der einheimischen Wirtschaft
- Ressourcen schonendes Verhalten
- Erhaltung und Schaffung von wertvollen Landschaften
- Schonung von Natur und Umwelt

Eine weitere Möglichkeit, die negativen Folgen des Massentourismus zu mindern, wäre – vergleichbar mit Konzepten auf Mallorca oder der Diskussion über den touristischen „Master Plan“ der Insel Borocay (Philippinen) –, sich auf den gehobenen Tourismus zu konzentrieren. Sämtliche touristische Infrastruktur müsste auf ein höheres Preissegment gebracht, Umweltschäden behoben und die Kontrolle verstärkt werden; also weniger Massentouristen, weniger Beach Resorts an der unmittelbaren Küste, weniger laute Großdiscotheken, stattdessen Luxushotels, Golfspieler (vgl. Nusa Dua, Borocay), zahlungskräftige Touristen. Dies hätte aber eine Reduzierung der Arbeitsplätze, eine erzwungene Abwanderung sowie eine mögliche Verlagerung des preiswerteren Tourismus zur Folge, könnte man dagegen einwenden.
An dieser Stelle könnten Sie auch eine Gegenüberstellung von „hartem“ und sanften“ Reisen einfügen und thematisieren.

Hartes Reisen	⟷	Sanftes Reisen
Massentourismus	⟷	Einzel-, Freundes- und Familienreisen
wenig Zeit, schnelle Verkehrsmittel	⟷	viel Zeit, angemessene, auch langsame Verkehrsmittel
festes Programm, außengelenkt	⟷	spontane Entscheidungen, innengelenkt
importierter Lebensstil	⟷	landesüblicher Lebensstil
Sehenswürdigkeiten, bequem und passiv	⟷	Erlebnisse, anstrengend und aktiv
wenig oder keine geistige Vorbereitung	⟷	vorhergehende Beschäftigung mit dem Besuchsland
keine Fremdsprache, Überlegenheitsgefühl	⟷	Sprachen lernen, Lernfreude
Einkaufen	⟷	Geschenke bringen
Souvenirs	⟷	Erinnerungen, Aufzeichnungen, Erkenntnisse
Knipsen und Ansichtskarten	⟷	Fotografieren, Zeichnen, Malen
Neugier laut	⟷	Takt leise

(Quelle: Geographie 12/13, S.370)

Eine weitere Möglichkeit wäre die Erhebung einer Touristensteuer sowie ein Gesetz, das vorschreibt, einen gewissen Teil der Gewinne in der Region zu reinvestieren. Diese Gelder könnten dann sowohl ökologischen Problemen sowie einer verbesserten Planung und verstärkten Kontrolle zugute kommen. Damit könnten Vor- und Entsorgungseinrichtungen gebaut, Schutzgebiete eingerichtet und unterhalten, die Expansion erheblich reduziert und Umweltverschmutzer bestraft werden. Dieser Überlegung stehen u. a. ein hohes Maß an Korruption sowie ein fehlendes Umweltbewusstsein entgegen.

4.0 Vorbereitung, Vortrag, Prüfungsgespräch

Vorbemerkung

Für das mündliche Abitur gelten im Prinzip die gleichen Anforderungen wie für die Abiturklausur, d. h., Sie müssen Ihre fachlichen Kompetenzen nachweisen, also Sachkompetenz, Orientierungskompetenz, Methodenkompetenz, Darstellungskompetenz und Sozialkompetenz (→ Kapitel EPA). Inhaltlich müssen alle Anforderungsbereiche abgedeckt sein, sodass alle Noten erreichbar sind. Die mündliche Prüfung endet bekanntlich mit einer Note, die sich aus verschiedenen Beurteilungskriterien zusammensetzt. Es kann nur von Vorteil sein, wenn Sie über diese Kriterien Bescheid wissen und sich darauf einstellen. Beim Kriterium „Inhalt" wird überprüft, ob Sie fachlich kompetent und Ihre Aussagen richtig sind. Dazu gehört, dass Sie die wesentlichen Inhalte erfasst und anschaulich dargestellt haben. Das Kriterium „Gliederung" schließt eine erkennbare und sinnvolle Struktur mit ein, umfasst aber auch gelungene Überleitungen.

„Medieneinsatz" ist ein weiterer Beurteilungspunkt. Selbstverständlich sollte er mit dem Inhalt abgestimmt sein. Beweisen Sie Ihre Medienkompetenz im Umgang mit den benutzten Medien. Auch wenn Sie keinen OH-Projektor oder Laptop mit Beamer benutzen: Bleiben Sie nicht die ganze Zeit auf Ihrem Stuhl sitzen. An der Tafel können Sie ganz schnell ein Fließdiagramm oder ein Strukturschema entwerfen. Auch die Wandkarte hat eine andere Funktion als die der Dekoration des Prüfungsraumes. Ihr „Auftreten" als letztes Kriterium findet ebenfalls in der Gesamtnote seinen Niederschlag. Sie verhalten sich situationsgemäß, wirken sprachlich überzeugend und vermeiden Über- bzw. Untertreibung bei ihrer Körpersprache. Ihre Mimik und Gestik ist angemessen und unterstreicht ihre Ausführungen.

Übrigens: Können Sie bereits im Vorfeld gute Noten nachweisen, bedeutet das nicht, dass Sie eine besonders schwere Prüfungsaufgabe zu bearbeiten haben. Wenn Sie vorher nicht ganz so gut waren, können Sie deshalb nicht auf eine „leichte" Aufgabe hoffen.

Die mündliche Prüfung unterscheidet sich im zweiten Teil von der schriftlichen Prüfung durch eine andere Prüfungssituation. Anwesend sind neben der Prüfungskommission auch Zuhörer (Lehrkräfte und möglicherweise weitere Vertreter der Schule sowie Eltern und Schüler). Solch eine Prüfungssituation kann man vorher im Unterricht simulieren. Entscheidender ist jedoch, dass Sie die Regeln für ein gutes Referat beherrschen (→ Kapitel „Referate: Übung macht den Meister").

Im Vorbereitungsraum

Sie haben 30 Minuten Zeit. Für das Erfassen der Prüfungsaufgabe veranschlagen Sie nicht mehr als 10 Minuten. Dass Sie keine weiteren als die angegebenen Hilfsmittel benutzen dürfen, ist Ihnen bekannt. In der Ihnen zur Verfügung stehenden Zeit stellen Sie Ihre Verstehensleistung unter Beweis. Sie erfassen nicht nur die Aufgabenstellungen, sondern ordnen auch die Materialien entsprechend ihrer Wichtigkeit. Trotz der beschränkten Zeit erkennen Sie die thematischen Zusammenhänge und ordnen Sie in einen Gesamtzusammenhang ein.

Natürlich machen Sie sich Notizen, auf die Sie in der mündlichen Prüfung zurückgreifen. Wenn Sie eine Overhead-Folie vorbereiten, bemühen Sie sich trotz der Anspannung um Leserlichkeit. Die Prüfungsmaterialien und Ihre Notizen bleiben anschließend bei den Prüfungsunterlagen.

Im Prüfungsraum

Begrüßen Sie freundlich alle Anwesenden. Das macht einen guten Eindruck und gibt Ihnen Selbstvertrauen. Vermeiden Sie einen verkrampften oder ängstlichen Eindruck, auch wenn Sie mit einer Teilaufgabe nicht ganz fertig geworden sind. Nennen Sie zunächst das Thema Ihrer Prüfungsaufgabe. Alle Anwesenden kennen es zwar schon, weil ihnen die Materialien vorliegen, aber als Einstieg wird die von Ihnen anfangs noch als angespannt empfundene Prüfungssituation entschärft.

Ihren **Vortrag**, der etwa 10 Minuten dauern wird, halten Sie möglichst in freier Rede. Reines Ablesen der Materialien und Ihrer Aufzeichnungen kann die Prüfungskommission nicht von Ihrer Sach- und Darstellungskompetenz überzeugen. Natürlich können Sie zwischendurch auf Ihre Notizen schauen. Halten Sie auf jeden Fall Blickkontakt zur Prüfungskommission und „gönnen" Sie auch den Zuhörern ab und zu einen Blick. Sie konzentrieren sich jetzt auf Ihren Vortrag, denn nun müssen Sie Ihre argumentativen und Darstellungsfähigkeiten kombinieren. Da Sie während der Vorbereitung bereits die Gliederung vorgenommen haben, wird Ihnen das Aufzeigen der sachlichen und logischen Zusammenhänge nicht schwer fallen. Sprechen Sie laut und deutlich. Wenn Sie auf den Atlas verweisen, nennen Sie Seitenzahl und Kartennummer. Ihnen wird nicht entgangen sein, dass auf den Tischen der Prüfungskommission und der Zuhörer Atlanten liegen.

Ihr(e) Prüflehrer(in) wird Sie aussprechen lassen und nur dann eingreifen, wenn gravierende Fehler auftreten. Auch wenn zwischendurch Fragen gestellt werden sollten, reagieren Sie nicht irritiert. Verstehen Sie derartige Unterbrechungen eher als Hilfestellung, um Sie wieder auf den „richtigen Weg" zu bringen.

Das anschließende **Prüfungsgespräch** dauert wie der Vortrag 10 Minuten. Ihr(e) Prüfer(in) wird sich zunächst am Ersteindruck orientieren. Gehen wir zuerst davon aus, dass Sie die Aufgaben alle richtig gelöst und damit einen hohen Leistungsstand dokumentiert haben. Im Gespräch werden Sie durch Rückfragen aufgefordert, Ihre Kenntnis zu belegen. Damit soll überprüft werden, ob es sich um angelerntes Wissen handelt oder ob Sie in der Lage sind, auf einem hohen Abstraktionsniveau Problembewusstsein und Lösungsstrategien zu entwickeln. Stellen Sie sich auf Fragen ein, die die Quellen betreffen. Ein oft praktizierter Zugang ist auch das medienkritische Hinterfragen nach den Materialien, z. B. bei Karten und Diagrammen. Sie sollen dann die vorgestellten Materialien bewerten und mögliche Alternativen für die Aufbereitung aufzeigen.

Wenn Ihnen Fragen gestellt oder Impulse gegeben werden, antworten Sie präzise, indem Sie sich auf das Material beziehen und eigene Kenntnisse mit einbringen. Falls Sie eine Frage nicht verstanden haben, bitten Sie um eine Wiederholung und gegebenenfalls um eine Erläuterung. Das ist allemal besser, als die Intention nicht zu erkennen und am Thema vorbeizureden. Gehen Sie grundsätzlich davon aus, dass ein Prüfungsgespräch kein Frage-Antwort-Spiel ist. In einem Gespräch müssen Sie die Argumente Ihres Gegenübers auch sinnvoll in Ihre eigene Argumentationskette einbauen können.

Entspricht der Vortrag nicht oder nur teilweise den Erwartungen des Prüfers/der Prüferin, wird er/sie auf die Mängel hinweisen und Ihnen Gelegenheit geben, dazu Stellung zu nehmen und Ihre Aussagen noch einmal kritisch zu reflektieren. Im ungünstigsten Fall – aber das dürfte Ihnen nicht passieren, weil Sie sich ja auf Ihr Thema gut vorbereitet haben – wechselt der Prüfer/die Prüferin das Thema und versucht, Ihre sonstigen fachlichen Qualifikationen auszuloten.

Auf der vorangegangenen Seite haben Sie die traditionelle mündliche Einzelprüfung mit vorgegebenem Material und vertiefendem Prüfungsgespräch kennen gelernt.

Die „mündliche Prüfung in neuer Form“ (siehe Kapitel EPA) umfasst die **vorbereitete Präsentation und das Prüfungsgespräch** und das **Kolloquium.**

Die Präsentation

Sie haben das Thema eine Woche vor der mündlichen Prüfung erhalten. Die mündliche Prüfung dauert 20 Minuten, davon sind 10 Minuten für die Präsentation und 10 Minuten für das Prüfungsgespräch vorgesehen. Sie stehen nun vor der Wahl, wie Sie die Präsentation gestalten. Das kann ein Kurzvortrag mit und ohne Medienunterstützung sein oder eine reine Medienpräsentation. Sehen Sie bei einem Vortrag von auswendig gelerntem Wissen ab.
Überlegen Sie stattdessen, wie Sie die Prüfungskommission von Ihrer Fach- und Methodenkompetenz überzeugen können. Vor Ihnen sitzen Fachexperten und Sie müssen nicht einen unbekannten Sachverhalt motivierend darstellen. In der eigentlich knapp bemessenen Prüfungszeit stellen Sie Ihr Wissen und Können unter Beweis.
Vergegenwärtigen Sie sich, dass bei der Bewertung der Präsentation mehrere Kriterien zur Anwendung kommen. Es geht nicht nur um einen funktionalen Medieneinsatz und Visualisierung einer Problemstellung, sondern vorrangig um die Vortrags- und Sprechweise, um Verständlichkeit, Zeiteinteilung und um Glaubwürdigkeit

Eine Dia-Show kann langweilig sein, wenn der rote Faden nicht zu erkennen ist und die Erläuterungen langatmig vorgetragen werden. Bevorzugen Sie Power Point? Hier ist es kaum zu empfehlen, denn Ihre Aufmerksamkeit wird zu sehr von Maus und Monitor in Anspruch genommen. Sie „verstecken“ sich hinter dem Medium und verlieren die Prüfungskommission aus den Augen.
Ihre Schule lässt ohnehin nur den Einsatz des Overhead-Projektors zu? Dann sind Folien eine gute Alternative. Aber drucken Sie nicht zu kleine Schrift und denken Sie daran, dass für ausführliche Gedankengänge kein Platz ist. Eine gute Alternative ist die sich entwickelnde Skizze, ein Fließschema z. B., das im Lauf Ihrer Ausführungen entsteht.
Über eins sollten Sie sich im Klaren sein: Die Verwendung eines modernen Mediums allein bringt keine zusätzlichen Punkte, noch weniger die technische Vorführung einer vorgefertigten Präsentation. Im Vordergrund steht, wie bei den anderen Fächern auch, die persönliche, unmittelbare Vorstellung des Themas. Im Prüfungsgespräch werden Sie sich mit den Inhalten der Präsentation auseinander setzen.

Das **Kolloquium** ist im Prinzip das Gleiche wie ein Prüfungsgespräch. Der Unterschied besteht darin, dass Sie Arbeitsvorhaben und Arbeitsergebnisse erörtern, die sich über einen längeren Zeitraum erstreckt haben. Das Prüfungsgespräch findet zwischen Ihnen und Ihrem Prüfer als Einzelprüfung statt. Auch hier gelten wieder die Ihnen schon bekannten Bewertungskriterien. Eine andere Variante ist das Kolloquium mit mehreren Prüflingen. Sie können dann auch eine Gruppenpräsentation einbringen. Wenn Sie mit mehreren in einer Gruppe ein Thema unter unterschiedlichen Fragestellungen diskutieren, spielen Sie sich nicht in den Vordergrund. Lassen Sie Ihre Mitprüflinge ausreden und gehen Sie auf deren Argumente ein. Bei dieser Prüfungsform wird neben der fachlichen Komponente Ihr kommunikatives Verhalten, also die Sozialkompetenz, bewertet.

4.1 Singapur – Vorzeigestaat in Asien?

Vorbemerkung: Das folgende Aufgabenbeispiel geht von einer mittleren Vorbereitungszeit von 20 Minuten und einer ebenso langen Gesamtprüfungszeit aus, wobei hier nur der Vortragsteil der Prüfung Gegenstand der Darstellung sein kann.

Aufgabenstellung

1. Beschreiben Sie die geographische Lage Singapurs (Atlas, Photo).
2. Formulieren Sie die wichtigsten ***Stärken und Schwächen des Stadtstaates*** und der *Global City* **Singapur** (M 1 [Foto], M 2 [„Steckbrief"], Atlas) und beantworten Sie die Frage, ob man Singapur als „Vorzeigestaat" Südostasiens bezeichnen kann.

Hilfsmittel: Atlas, Taschenrechner

Material

M 1: Singapur

(Quelle: Mensch und Raum. Geographie 12/13. Gymnasiale Oberstufe. Hrsg. u. bearbeitet von Mechthild Dielmann, Monika Fuchs, Peter Fischer u.a. in Zusammenarbeit mit der Verlagsredaktion, Cornelsen Verlag Berlin 2001, S. 294)

(Quelle für M 2: Geographie 12/13, S. 294, ergänzt um Daten aus dem „Fischer-Weltalmanach 2004", Frankfurt a. M.: Fischer Taschenbuch Verlag 2003, Spalte 773/774, und Daten aus dem Internet)

M 2: „Steckbrief" zu Singapur

Fläche (Weltrang 176): Eine Hauptinsel und 60 kleinere Inseln von insgesamt 682,7 km² (die Fläche wurde seit 1978 durch Aufschüttungen um 101,7 km² vergrößert)
Einwohner (2001): 4 131 000 (Weltrang 119)
Einwohnerdichte: 6051 je km²;
Hauptstadt: Singapore (Singapur) 3 163 500 Ew.
Bevölkerungswachstum: zz. 1,9 % (1980 – 2001 ⌀ 2,6 %)
Kindersterblichkeit (2001): 0,3 %
HDI: 0,876 (Rang 26)
Ethnien: 77 % Chinesen, 14 % Malaien, 7 % Inder, 2 % Pakistani, Sri Lanker und andere
Lebenserwartung: 78 Jahre
Analphabetenrate (2001): m 4 % / w 11 %
Religionszugehörigkeit (2000): 42,5 % Buddhisten, 14,9 % Muslime, 14,6 % Christen, 12,5 % Hindus u. a.
BSP pro Kopf (1999): 24 150 US-$ (D: 25 120 $)
Inflation (2000): 1,0 %
Arbeitslosigkeit (2002): 3,8 %
Erwerbstätigkeit (2000): Landwirtschaft 0,4 %, Industrie 28,4 %, Dienstleistungen 71,2 %
Anteil der Wirtschaftszweige am BIP (2002): Landwirtschaft 0,2 %, Industrie 33 %, Dienstleistungen 66,8 %.

**Ihre unterrichtlichen Voraussetzungen –
Worüber Sie vor der mündlichen Prüfung Bescheid wissen sollten**

Sie haben sich in der Qualifikationsphase der Oberstufe mit Räumen unterschiedlichen Entwicklungsstandes befasst, darin eingeschlossen hoch entwickelte Industrieländer wie Deutschland und die USA oder Japan, aber auch Länder wie Russland, Indien, China (einschließlich Hongkong und Taiwan) oder Brasilien, aber auch Entwicklungsländer wie Mexiko, Mali oder Nigeria.
Sie wissen, dass Singapur wie Hongkong, New York, Los Angeles, London oder Tokio den Global Cities zugerechnet wird und nicht nur eine Megacity wie Mumbai oder Rio de Janeiro ist.

Die Beherrschung aller Kompetenzen sowie folgender, den fachlichen Inhalten zuzuordnender Aspekte wird vorausgesetzt:

- Standortfaktoren und Wachstumsmotoren für die Entwicklung von Staaten, Wirtschaftsräumen wie Global Cities
- Bedeutung von Welthandelsströmen, besonders der aktuellen Container- und Airlinerouten
- Bedeutung von Direktinvestitionen der Global Player für die Wirtschaft nationalstaatlicher Territorien
- Bevölkerungswachstum und Konsequenzen für die Tragfähigkeit des Siedlungsraums
- Raumnutzungskonflikte in einem großstädtischen Raum mit begrenzter Ausdehnungsfläche
- Tertiärisierungsprozesse in den hoch entwickelten Gesellschaften
- Immigration und ethnische Segregation in ihren räumlichen Konsequenzen

Das sollten Sie kennen:

Global City. *Der Begriff bezieht sich auf eine Metropole mit einer besonders starken Konzentration von Hauptquartieren international operierender Unternehmen sowie höchstrangigen unternehmensorientierten Dienstleistungen. In einer zunehmend global ausgerichteten Ökonomie sind Global Cities internationale Steuerungs- und Kontrollzentren, Basispunkte für global agierendes Kapital sowie nationale und internationale Hochburgen der Innovation. Die „Command and Control Functions" der Global City ergeben sich vor allem aus der Konzentration von Finanzdienstleistungen (Banken, Versicherungen) und dem Management weltführender Konzerne, die durch innerbetriebliche sowie Standortentscheidungen die wirtschaftliche Entwicklung von Regionen weltweit entscheidend prägen können. Im Vergleich zu dem überkommenen Begriff der Weltstadt sollte die Bezeichnung Global City ihre Kontrollfunktion über die Produktion und Märkte in einem weltweiten Netz von Städten und hierarchisch aufgebauten Produktionsprozessen kennzeichnen.*

(Quelle: Lexikon der Geographie, Bd. 2, Heidelberg/Berlin 2002, S. 61)

Globalisierung. *Immer mehr Staaten der Erde beteiligen sich an der internationalen Arbeitsteilung bei der jedes Land die Güter produziert und handelt, bei denen es im internationalen Wettbewerb gegenüber anderen Staaten Vorteile aufweist. Begünstigt wird diese Entwicklung durch politische und rechtliche Veränderungen, technologische Innovationen und andere Faktoren.*
Infolge dieser Entwicklung haben sich die weltweite Güterproduktion, die Weltexporte, Direktinvestitionen und Finanztransfers in den letzten Jahren erheblich erhöht. Politik und Ökonomie denken und handeln immer globaler. Dieses als Globalisierung bezeichnete Phänomen führt zu Folgewirkungen auf kulturelle Entwicklungen und soziale Lebensbedingungen in der ganzen Welt.

(Quelle: Geographie 12/13, Begriffserklärungen)

Stufen der Globalisierung

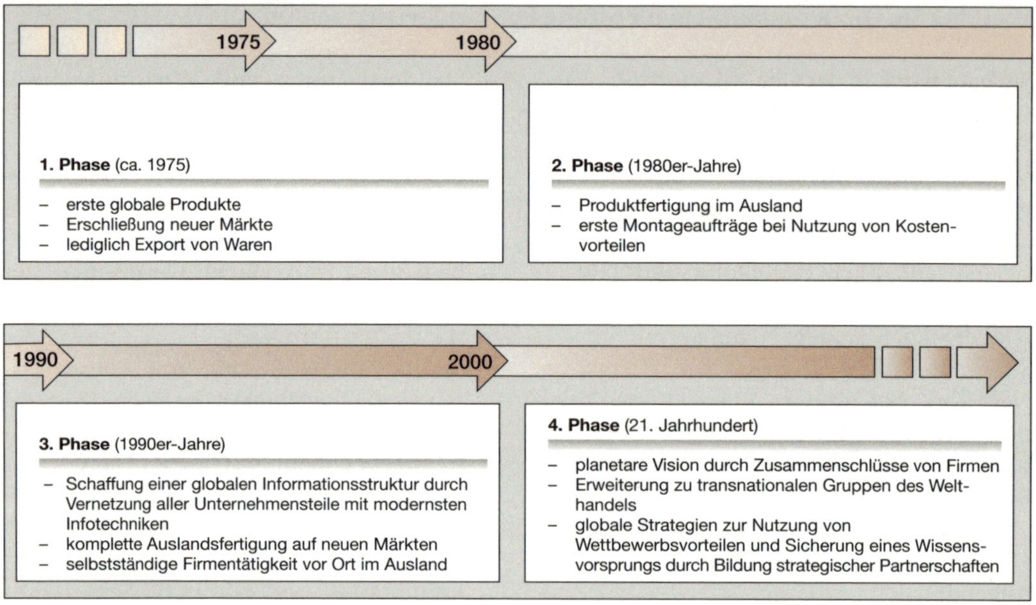

(Quelle: Geographie 12/13, S. 376/377)

Ihre Prüfungsleistung – was von Ihnen in der mündlichen Prüfung erwartet wird

Teilaufgabe 1 (Anforderungsbereiche I und II)

Sie sollten kurz darstellen können, dass Singapur ein *Inselstaat* an der Südspitze der Halbinsel Malakka ist und dass er vom gegenüberliegenden Indonesien nur durch die geostrategisch bedeutsame Malakkastraße getrennt ist. Singapur ist wie Hongkong eine britische Gründung der Kolonialzeit und ein wichtiger Umschlaghafen für seine Nachbarländer. Der größte Teil der Insel liegt nicht höher als 15 m über dem Meeresspiegel. Das Klima in unmittelbarer Äquatornähe müssten Sie als ganzjährig feuchttropisch identifizieren können.

Die Niederschläge liegen bei über 2400 mm, die Luftfeuchtigkeit ist bei durchschnittlichen Tagestemperaturen von 24 bis 30 °C mit 85 % sehr hoch, in unseren Wintermonaten fallen die Monsunregen aus Nordosten. Diese Erkenntnisse können Sie mit hoher Wahrscheinlichkeit dem Atlas entnehmen, der Ihnen in der Prüfung von der Schule zur Verfügung gestellt wird.

Dass Singapur ein Industrie- und Dienstleistungsstaat und eine Global City ist, sollten Sie ebenfalls aus dem beigegebenen Foto (M 1), aus dem Steckbrief zu Singapur (M 2), geeigneten Atlaskarten und Ihren Vorkenntnissen aus dem Oberstufenunterricht sowie aus dem Fundus Ihrer Allgemeinbildung (Medienberichte usw.) ableiten können.

Teilaufgabe 2 (Anforderungsbereiche II und III, überwiegend II)

Die ***Stärken-Schwächenanalyse*** sollten Sie vor allem anhand des beigegebenen *Steckbriefs M 2* und geeigneter *Atlaskarten* vornehmen können. Zu den Stärken, die Sie nennen müssten, zählen sicherlich neben Singapurs bemerkenswerter politischer Stabilität, die nicht direkt aus den Materialien ablesbar ist, der hohe Lebensstandard, das relativ friedliche Zusammenleben verschiedener Ethnien, die geostrategische günstige Lage für den Schiffsverkehr (besonders den Containerhandel) und den internationalen Flugverkehr im asiatisch-australischen als auch im globalen Maßstab.
Erwähnen müssten Sie auch die Ansiedlung von Frontoffices global agierender Finanz- und Dienstleistungsunternehmen.

Als mögliche Probleme sollten Sie das Bevölkerungswachstum, die hohe Bevölkerungsdichte, Nutzungskonflikte bezüglich des knappen Raumes (Flächennutzungskonkurrenzen) ansprechen. Auch das Wohlstandsgefälle zu den Nachbarstaaten oder die multiethnische Zusammensetzung von Singapur sollten Sie möglicherweise ansprechen.

Ebenso könnten Sie darauf eingehen, dass aus der Abhängigkeit des total durchurbanisierten Stadtstaates Singapur gegenüber Indonesien und Malaysia (die für Singapur Nahrungsmittel, bergbauliche Rohstoffe, Arbeitskräfte, Zulieferprodukte usw. zur Verfügung stellen) Gefahren erwachsen könnten. Schließlich wäre auch noch der Hinweis denkbar, dass Singapur Energierohstoffe wie Erdöl nicht nur umschlägt, sondern auch für den Eigenbedarf aus Saudi-Arabien und dem Iran importieren muss und sich keineswegs selbst versorgen kann.

Anforderungen für die Note „gut" (11 Punkte) und „ausreichend" (5 Punkte)

Die Note „gut" verlangt, dass Sie die Aufgabe voll erfassen und beide Teilaufgaben im Zusammenhang umfassend bearbeiten. Ihre Argumentation muss sich zum einen auf die Verknüpfung der zentralen Aussagen des vorgegebenen Bild- und Datenmaterials und auf sinnvoll ausgewählte Atlaskarten stützen, zum anderen auf Ihre Sach-, Methoden- und Orientierungskompetenz mit deutlichem Bezug zur Themenstellung.
In den Ausführungen zu Teilaufgabe 1 wird die geostrategisch bedeutsame Lage Singapurs und seine lokalen geographischen Umstände umfassend dargestellt und differenziert erläutert. In der in Aufgabe 2 geforderten Stärken-Schwächenanalyse bieten Sie eine differenzierte und sorgfältig abwägende Erörterung der Gunstfaktoren und Ungunstfaktoren Singapurs als Industrie- und Dienstleistungsstaat von Weltrang.
Ihr Vortrag ist sachlogisch strukturiert, fachsprachlich korrekt und wird von Ihnen weitgehend frei gehalten.

Die Note „ausreichend" verlangt von Ihnen ebenfalls eine Bearbeitung beider Teilaufgaben, wobei die geographischen Lagebedingungen beschrieben sowie die Stärken-Schwächenanalyse des Industrie- und Dienstleistungsstaates Singapurs in Grundzügen geboten werden müssen. Einzelne Konfliktpotenziale werden im Ansatz erörtert.
Ihr Vortrag ist sachgerecht und in den wesentlichen Bereichen folgerichtig.

Lösung Aufgabe 1

Die Bearbeitung der Aufgabe 1 dient a) der geographischen Orientierung und b) der Klassifizierung Singapurs als Industrie- und Dienstleistungsstaat:

a) Singapur ist ein Inselstaat, der an der Südspitze der Halbinsel Malakka liegt. Zwischen Singapur und dem gegenüberliegenden Indonesien befindet sich die geostrategisch bedeutsame Malakkastraße. Nur rd. 140 km nördlich vom Äquator (10° 19' nördliche Breite) gelegen ist das Klima des Stadtstaates ganzjährig feuchttropisch: 2400 mm Niederschlag im Jahresdurchschnitt, Maximum in den Monaten des Nordost-Monsuns von November bis Januar. Die Jahrestemperaturen liegen zwischen 25 und 30 °C und die Tagestemperaturen schwanken zwischen 23,9 und 30,8 °C (Tageszeitenklima). Die durchschnittliche tägliche Luftfeuchtigkeit liegt bei 84,3 %. Der größte Teil der Insel liegt nicht höher als 15 m über dem Meeresspiegel. In der Mitte der Insel erhebt sich als höchster Berg der Bukit Timah, ein Granitsockel, mit 162,5 m Höhe. Das Foto (M l) zeigt den Singapore River, der hier durch ehemals versumpftes, von Mangroven dominiertes Schwemmland mäandriert.

b) Singapur als Industrie- und Dienstleistungsstaat wird durch das Foto (M 1), das den Central Business District am Singapore River abbildet, durch den Steckbrief (M 2) und durch entsprechende Atlaskarten („Wirtschaftszentrum Singapur" [„Unsere Welt", Große Ausgabe], „Welthandel" [„Diercke Weltatlas"]) belegt.

In der Summe ermöglichen die Materialien und Kennziffern die Klassifizierung Singapurs als modernen Dienstleistungsstaat und Global City.

Um die geostrategische Bedeutung Singapurs für den Flug- und Schiffsverkehr zu betonen, genügt ein Blick auf thematische Atlaskarten zu den per Schiff transportierten Gütern, zum anderen genügen vier Zirkelschläge mit Singapur als Zentrum von vier konzentrischen Kreisen, die je einer, zwei, vier oder sechs Flugstunden entsprechen, um zu verdeutlichen, dass Singapur zum Beispiel noch ein Shoppingcenter wohlhabender australischer, japanischer oder indischer Touristen sein könnte.

Lösung Aufgabe 2

Gefahren drohen dem Stadtstaat durch die Gefährdung des Wohlstands und den daraus resultierenden Verteilungskämpfen, die sich an der ethnischen Zugehörigkeit orientieren könnten.
Aber auch das gewaltige Wohlstandsgefälle zu den Nachbarstaaten sowie die Abhängigkeit von den Nachbarstaaten Malaysia und Indonesien (Rohstoffe, Gewerbeflächen für Zulieferindustrien, Arbeitskräfte) bergen potenzielle Gefahren für Singapur, die aus der Instabilität Südostasiens abgeleitet werden können (ethnische Konflikte, Korruption, islamischer Fundamentalismus).

Historisch wie gegenwärtig war bzw. bildet die verkehrsgeographisch günstige Lage Singapurs an der Malakkastraße das Fundament für den wirtschaftlichen Erfolg. In der britischen Kolonialzeit war Singapur Verwaltungszentrum, bedeutender Flottenstützpunkt und Stapelplatz (entrepot) auf dem

Seeweg vom Mutterland über Gibraltar, Malta, durch den Suezkanal, vorbei an Aden (Jemen) nach Indien und Ostasien.

Seit 1960 hat Singapur die Verkehrsgunst genutzt, um die Insel zunächst vom Niedriglohn- zum Hochlohnindustriestandort und seit den 1980er-Jahren zum Finanz- und Dienstleistungszentrum (Tourismus, Shopping) sowie zum High-Tech-Standort in Südostasien auszubauen. Singapur liegt auf der Hauptcontainerroute rund um die Welt. Die Rohölströme aus dem Nahen Osten für Südostasien und Japan führen durch die Straße von Malakka. Die Spitzenposition Singapurs für Massengüter und Container basiert u. a. als Verteiler und Drehscheibe für Waren der südostasiatischen Nachbarstaaten (Umschlag von Schiff zu Schiff). Am Rande des transpazifischen Handelsraums gelegen, verknüpft Singapur diesen wachstumsstarken Raum mit dem europäischen.

Stadtstaat Singapur: Flächennutzung
Diese oder eine ähnliche Karte sollten Sie aus dem Atlas bei der Beantwortung der Aufgabe 1 heranziehen. Falls Sie mit Karteninterpretationen noch nicht so ganz fit sein sollten, gehen Sie noch einmal das Kapitel „Kartenarbeit“ durch.

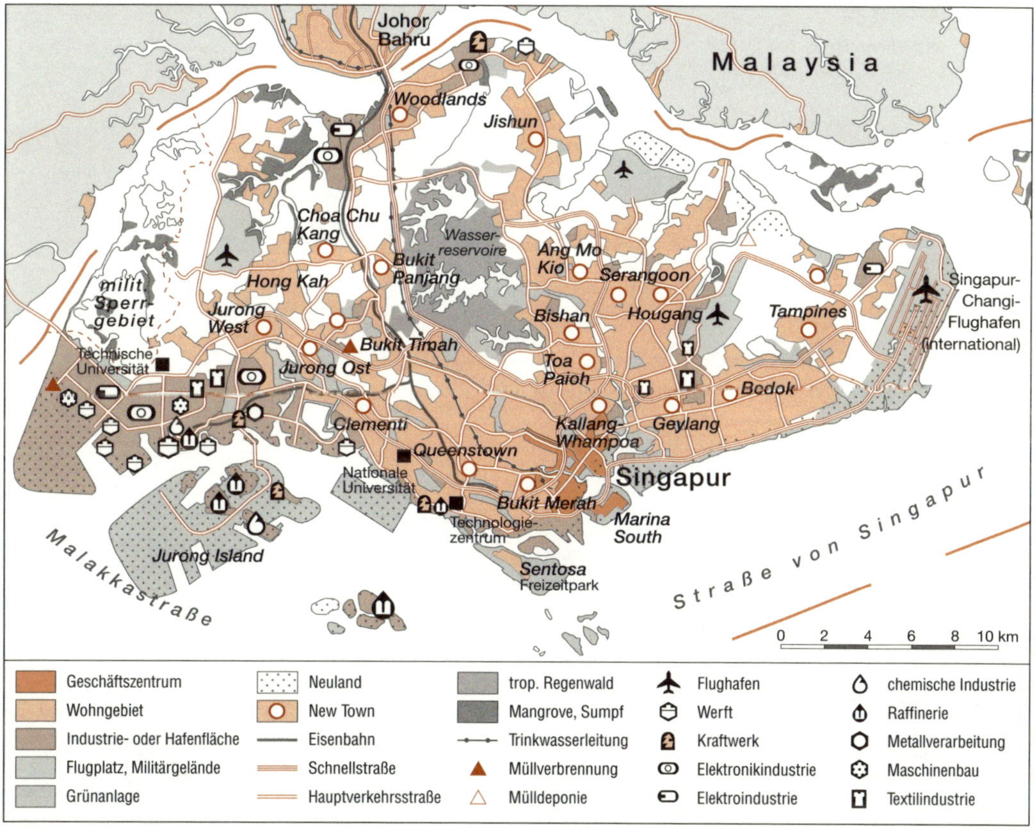

(Quelle: Geographie 12/13, S. 298)

4.2 Die Vereinigten Arabischen Emirate (VAE) – Regionale Wirtschaftsmacht mit und ohne Öl?

Aufgabenstellung

1. Erläutern Sie die Siedlungsstruktur (ggf. mit Handskizze) und Wirtschaftsausstattung der VAE (Fläche 77 700 km², 4,04 Mio. Einw. 2003, BSP pro Kopf 19 748 US-$, reales BIP-Wachstum 2003 7,8 %, Bevölkerungszunahme 2003 7,78 %) vor dem Hintergrund des naturräumlichen Potenzials mithilfe der Karte M 1a (inklusive Klimadiagramm M 1b), der Abbildungen M 2a – c und der Materialien M 3 und M 4 (ggf. Atlas).
2. Beurteilen Sie, wie die VAE mit dem enormen Reichtum umgehen, den das Erdöl, das seit Ende der 1960er-Jahre gefördert wird, dem Land beschert.

Hilfsmittel: Atlas, Taschenrechner

M 1a

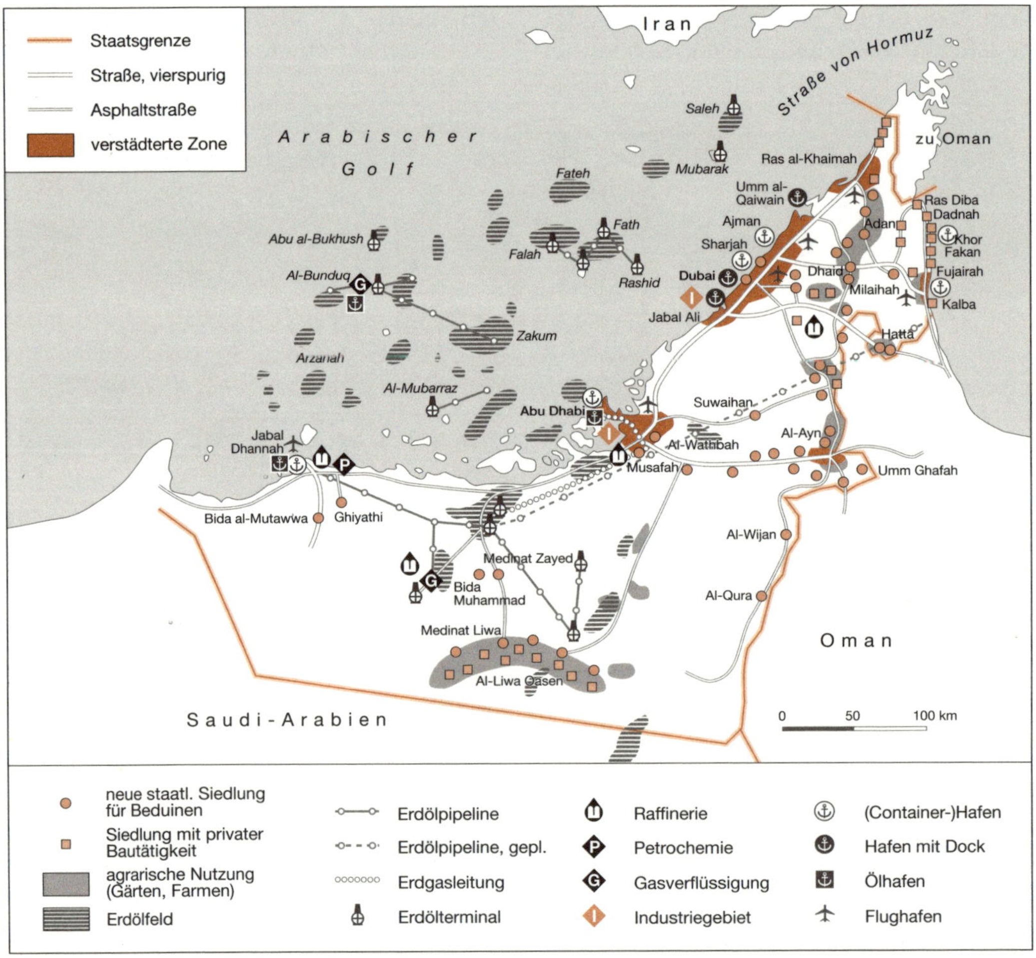

(Quelle: Mensch und Raum. Geographie 12/13. Berlin: Cornelsen Verlag 2001, S. 68)

M 1b: Klimadiagramm

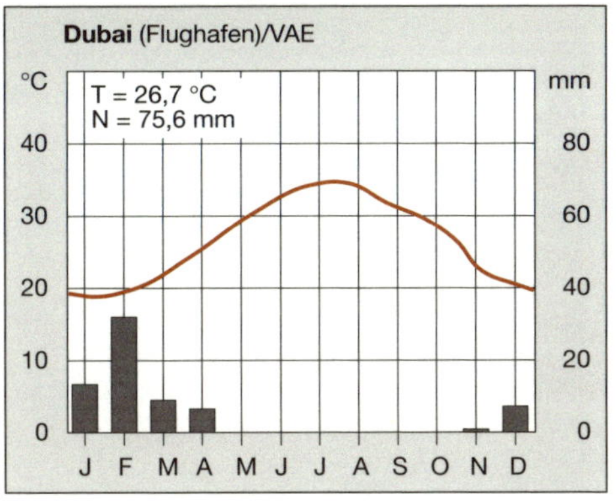

(Quelle: Lavergne, M./Domortier, B.: Dubai – von der Wüstenstadt zur Stadt in der Wüste. In: Geographische Rundschau, H. 9/2000, S. 46)

M 2a: Dubai Burj al Arab höchstes Hotel der Welt (321 m), auf einer künstlichen Insel; 7-Sterne-Hotel; Baukosten rd. 2 Mrd. US-$
(Foto: Fischer 2005)

M 2b: Abu Dhabi – Hauptstadt der VAE (560 400 Einw. 2004) Hochhäuser in der Innenstadt, Vordergrund Eingang zum alten Ford (Al-Hosn Palace); Ausbau der Uferpromenade für 204 Mio. US-$, 2005 Eröffnung des Hotels Emirates Palace mit 80 Gold verzierten Kuppeln
(Foto: Fischer 2005)

M 2c: Burj Dubai höchster Wolkenkratzer der Welt (560 m) mit Hotels, Büros, Wohnungen, vielen Freizeiteinrichtungen und weltweit größter Shopping Mall. Fertigstellung 2008, geschätzte Kosten 1,8 Mrd. US-$
(Quelle: www.dubai-city.de)

M 3: Bevölkerungszusammensetzung der VAE 2004

Emiratis: rund 21 %
sonstige Araber: rund 7 % (z. B. Nomaden)
Ausländer: rund 72 % (unterschiedliche Angaben)
– davon
  rund 60 % aus Indien, Pakistan, Bangladesch und von den Philippinen
  rund 3 % Europäer und Amerikaner
Jährlich über 3 Mio. Touristen (Dubai allein 2,5 Mio.)

(Quelle: Der Fischer Weltalmanach 2005 und verschiedene Quellen aus dem Internet)

M 4: Prozentualer Anteil verschiedener Wirtschaftsbranchen am BIP

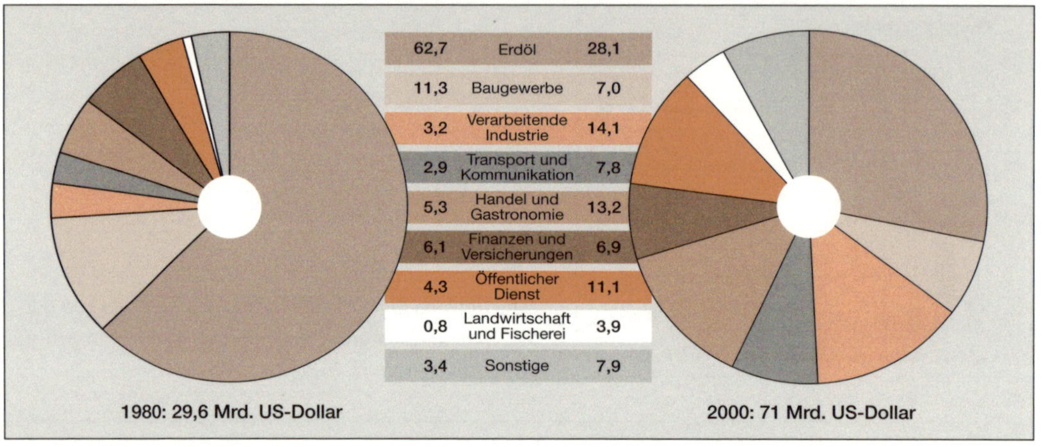

(Quellen: Geographie 12/13, S, 71. Central Bank Vereinigte Arabische Emirate 2005)

Ihre unterrichtlichen Voraussetzungen – Worüber Sie vor Ihrer mündlichen Prüfung Bescheid wissen sollen

Das Aufgabenbeispiel geht von einer mittleren Vorbereitungszeit von 20 Minuten und einer ebenso langen Gesamtprüfungszeit aus. Sie haben sich in der Qualifikationsphase der Oberstufe mit Räumen unterschiedlichen Entwicklungsstandes befasst, darin eingeschlossen hoch entwickelte Industrieländer wie Deutschland, die USA oder Japan, aber auch Länder wie Russland, Indien, China oder Brasilien, sowie Entwicklungsländer wie Mexiko oder Mali.

Sie wissen, dass es Staaten gibt, die sich hinsichtlich ihres Entwicklungsstandes innerhalb der gebräuchlichen Typisierung nicht leicht einordnen lassen. Aber die Frage, wo die VAE anzusiedeln wären, wenn das Land kein Öl hätte, ist hypothetisch. Ihnen ist aber sicherlich bekannt, dass es Ölländer wie Nigeria gibt, die trotz ihrer Ölförderung noch nicht über den Status eines Entwicklungslandes hinausgekommen sind, wie u. a. der Rangplatz von 136 in der HDI-Skala dokumentiert.

Die Beherrschung aller Kompetenzen sowie folgender, den fachlichen Inhalten zugeordneter Aspekte wird vorausgesetzt:

- Geofaktoren und naturräumliche Gegebenheiten (Klima, Gewässer, Vegetation, Oberflächenformen) in den Subtropen Afrikas sowie in Wüsten- und Halbwüstengebieten Afrikas, Mittel- und Nordamerikas
- Standortfaktoren als Wachstumsmotoren für die Entwicklung von Staaten und Wirtschaftsräumen
- Bedeutung von Welthandelsgütern (wie Erdöl) und Welthandelsströmen
- Bedeutung von Direktinvestitionen für die Wirtschaft von Staaten
- Bevölkerungswachstum, Bevölkerungsmigration und ethnische Segregation als Faktor und raumprägende Kraft für die Entwicklung von Siedlungsräumen
- Raumnutzungskonflikte in einem großstädtischen Raum mit begrenzter Ausdehnungsfläche
- Tourismus als Entwicklungsfaktor und raumprägende Kraft

Die VAE dürfen im Unterricht nicht schon behandelt worden sein, wenn sie Gegenstand einer Abiturprüfung sein sollen.

Was Sie noch wissen sollten, wenn Sie sich näher mit dem Thema beschäftigt haben:

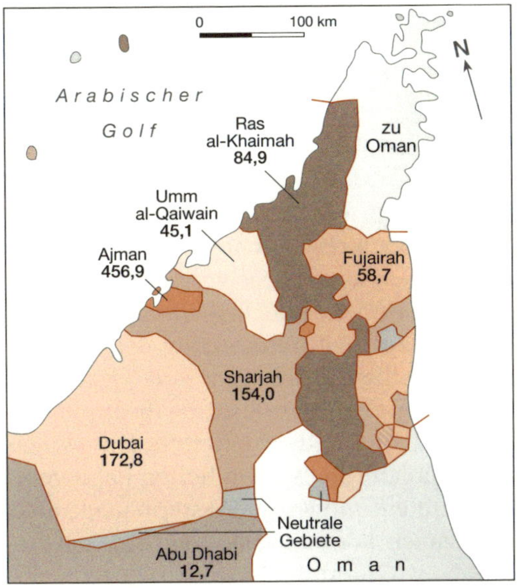

links: VAE mit Einwohnerdichte
(Quelle: Geographie 12/13, S. 68)

Erdölpreis und Fördermenge

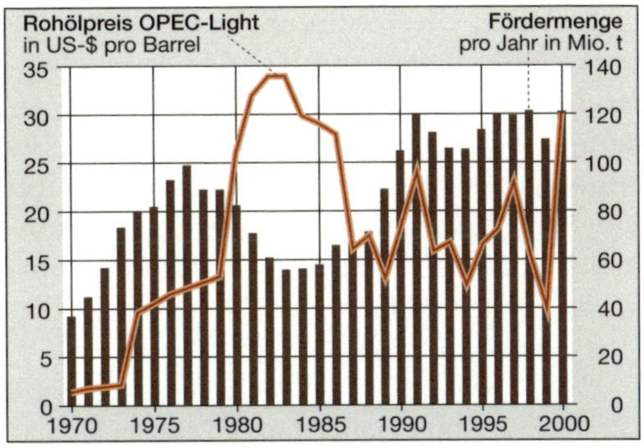

(Quelle: Geographie 12/13, S. 68; siehe auch Kapitel „Von Säulen, Balken, Kreisen und Linien")

Durch Maßnahmen wie die Bereitstellung tausender kostenloser Häuser und die kostenlose Bereitstellung u. a. von Strom und Wasser lassen die Herrscher der Emirate die einheimische Bevölkerung an dem durch das Erdöl ins Land gekommenen Reichtum teilhaben. Daneben baute die Regierung ein qualitativ hochwertiges Bildungssystem und ein wohlfahrtsstaatliches Versorgungssystem auf, wozu eine kostenlose medizinische Versorgung auf höchstem Stand gehört. Diese Maßnahmen, die in ihrer Vielfalt und Ausprägung vom Reichtum des einzelnen Emirats abhängen, sollen aber auch die Loyalitätsbasis der einzelnen Herrscher im Volk sichern und damit die Stabilität des politischen Systems stärken. (Quelle: F. Scholz, Hrsg.: Die kleinen Golfstaaten. Gotha 1999, S. 229 ff.)

Die Ende der siebziger Jahre in Abu Dhabi und Dubai einsetzenden, in den siebziger Jahren die gesamten VAE erfassenden Entwicklungsmaßnahmen machten deutlich, dass die einheimische Bevölkerung mangels Masse und hinreichender beruflicher Qualifikation unfähig war, aktiv an ihnen teilzunehmen bzw. sie zu tragen. Folge war ein Rückgriff auf ausländische Arbeitnehmer.
Die Immigrationsgewinne waren, bei einem natürlichen Bevölkerungswachstum von 3,2 % ausschlaggebendes Moment für die Bevölkerungsexplosion, die dazu führte, dass sich die Gesamtbevölkerung bei einem durchschnittlichen jährlichen Zuwachs von 13 % im Zeitraum von 1968 bis 1975 mehr als verdreifachte, die Zahl der Erwerbstätigen fast vervierfachte.
Herkunftsgebiet der ausländischen Arbeitnehmer waren der indische Subkontinent (Pakistan, Indien), die nordarabischen Staaten, die südarabischen Nachbarstaaten sowie Somalia und der Sudan. Zielgebiet der ausländischen Immigranten waren die ölreichen Emirate, allen voran Abu Dhabi. Ende 1976 waren mehr als 90 % aller Erwerbspersonen in der Privatwirtschaft und im öffentlichen Dienst Ausländer. Die Bevölkerungsexplosion führte in den ölreichen Emiraten einerseits dazu, dass Teile der neugeschaffenen Infrastrukturen in kürzester Zeit durch die realen Bedürfnisse der Bevölkerung überholt wurden, was einen permanenten Ausbau erforderlich machte; andererseits bescherte sie der Privatwirtschaft einen gewaltige Aufschwung.
(Quelle: R. Cordes in F. Scholz (Hrsg.): Die Golfstaaten. Braunschweig 1985, S.260)

Ihre Prüfungsleistung – was von Ihnen in der mündlichen Prüfung erwartet wird

Teilaufgabe 1 (Anforderungsbereiche I und II)

Sie sollten auf der Grundlage der oben angegebenen unterrichtlichen Voraussetzungen und mithilfe der beigegebenen Materialien (ggf. Atlas), die Siedlungsstruktur und die Wirtschaftsausstattung der VAE vor dem Hintergrund des naturräumlichen Potenzials erläutern können. Sie beschreiben zunächst einmal, dass die VAE ein Staat auf der Arabischen Halbinsel sind, der aus dem Zusammenschluss von mehreren Emiraten hervorgegangen ist und mit einer Fläche von 77 000 km^2 „etwa“ größer als Bayern ist.

Das Emirat Abu Dhabi ist dabei eindeutig das größte der sieben Emirate. Neben den Größenunterschieden der einzelnen Emirate fällt noch die räumliche Zersplitterung der einzelnen Emirate auf. Sie können den Materialien entnehmen, dass der weitaus größte Teil der VAE aus Wüsten und savannenähnlichen Halbwüsten besteht.
Das beigefügte Klimadiagramm bestätigt noch einmal die durchgängig hohe Aridität (aber besonders ausgeprägt in den Monaten März bis September) und den subtropischen Wüsten- und Halbwüstencharakter des Klimas. Aus früherem Unterricht über Afrika können Sie die These ableiten, dass zudem auch noch mit einer hohen Variabilität der wenigen Niederschläge in den VAE zu rechnen ist.

Aufgrund des naturräumlichen Potenzials wäre Landwirtschaft eigentlich nur in *Grundwasseroasen* (sog. *Datteloasen*) im Süden (Al-Liwa-Oasen) und im Südosten (Al-Ayn-Oase) und Nordosten (Dhaid und Adan) des Landes möglich, wenn es nicht in Teilbereichen des Küstenstreifens und im Landesinneren inselhafte landwirtschaftliche Nutzflächen (Gärten, Farmen) mit Bewässerung und unter Einsatz von (noch relativ traditionellen) Tiefbrunnen, Falaj-Systemen, aber auch ganz modernen Meerwasserentsalzungsanlagen gäbe, deren Errichtung man sich durch die Einnahmen des Erdöls oder des Tourismus leisten kann, wie Ihnen sicherlich aus den Medien (TV, Reiseberichte) bekannt ist. Angestrebt – so können Sie vermuten – wird sicherlich von Seiten der Regierung der VAE die weitgehende Selbstversorgung der Bevölkerung, um die Abhängigkeit von Agrarimporten zu drosseln. Deshalb dürfte die Regierung sicherlich die Landwirtschaft fördern, zumal nur staatliche Stellen den hohen Kapitaleinsatz und ein modernes Wassermanagement finanzieren können, um außerhalb der natürlichen Grundwasseroasen in den Halbwüsten- und Wüstengebieten der VAE Landwirtschaft zu betreiben.

Außer den landwirtschaftlich genutzten Gebieten zeigt die Karte M 1 *vier verstädterte Zonen:* einmal den Küstenstreifen von Dubai, über Sharjah, Ajman bis Umm al-Qaiwain (rd. 1,5 Mio. Menschen), den Verdichtungsraum um die Hauptstadt Abu Dhabi (rd. 1 Mio. Menschen), drittens die Stadtregion um Ras al-Khaimah im NO (rd. 150 000 Menschen) nahe der Grenze zu Oman und viertens die Stadtregion um Fujairah (rd. 100 000 Menschen) am Golf von Oman. Vielleicht könnten Sie die Oasensiedlung Al-Ayn noch als fünfte eigenständige Stadtregion hinzuzählen.

Zur wirtschaftsräumlichen Ausstattung gehören selbstverständlich die Erdölfelder im Arabischen Golf und auf dem Festland südlich der Offshore-Lagerstätten. Besonders im Westen des Landes und bei den Erdöllagerstätten müssten Sie die Erdöl verarbeitende Industrie lokalisieren können.

Dass die VAE in Abu Dhabi, im Raum Dubai und in Fujairah mehrere Häfen (auch Freihäfen) von internationaler Bedeutung für den Schiffsverkehr besitzt, müssten Sie aus der Legende der Karte M 1 sofort ableiten können. Öltanker- und Containerhauptrouten verlaufen über die VAE oder beginnen hier. Ähnliches gilt für mehrere Flugrouten, die die VAE als Ausgangspunkt oder Zwischenstationen auf dem Weg von Europa nach Zentralasien, Indien, Afghanistan, Westsibirien, Russland und Südafrika usw. nehmen.

Teilaufgabe 2 (Anforderungsbereiche II und III, überwiegend II)

Sie müssten mithilfe von Material 4 zeigen, dass die VAE schon vor knapp 20 Jahren begonnen haben, die Wirtschaft des Landes zu diversifizieren, um nicht allein vom Öl abhängig zu sein, obwohl die Erdölvorräte bei Fortschreibung der heutigen Fördermengen noch weitere 130 Jahre reichen würden. Als Indikatoren für das Bemühen um eine Diversifizierung der Produktion und des Handels können Sie folgende Beispiele nennen:

- den Aufbau von Tourismusindustrie (Nobelhotels, Golfanlagen, Surfschulen, Yachthäfen),
- den gewaltigen Ausbau der vorhandenen Häfen und die Errichtung neuer Häfen,
- den Bau internationaler Flughäfen,
- die Errichtung von Produktionsstätten für Nicht-Erdölprodukte bei gleichzeitig geringen Energiekosten,
- den Ausbau von Shopping-Malls und Shopping-Centern,
- das Hereinholen von Direktinvestitionen für die Produktion und den Umschlag von Gütern,
- das Anlocken von Banken, Flugagenturen usw. durch große Freiheiten im Kapitalverkehr.

Ein vorläufiges Resümee könnten Sie dahingehend formulieren, dass die VAE für die nächsten Jahre ökonomisch gut gerüstet scheinen. Freilich müssten Sie aber auch noch auf die Zusammensetzung der Bevölkerung eingehen, mit wenigen Sätzen dazu Stellung nehmen, dass der Anteil der Emiratis gegenüber ausländischen Einwanderern inzwischen weniger als ein Drittel ausmacht. Und neben Spezialisten aus allen Bereichen – so können Sie aus der Herkunft der Emigranten (M 3) ableiten – strömten offensichtlich zunehmend ungelernte Arbeitskräfte aus Billiglohnländern in die VAE.

Das große Heer dieser Arbeiter, so sollten Sie erklären, trug sicher aufgrund der niedrigen Lohnkosten wesentlich zum Wirtschaftswachstum bei und wurde so zu einem wichtigen wirtschaftlichen Faktor, andererseits hatte die Einwanderung der vielen Asiaten zur Folge, dass sie heute die arabischen Ethnien in den VAE bei weitem dominieren. Das Beispiel Saudi-Arabien zeigt, dass Spannungen zwischen dem arabischen Herrscherhaus und der einfachen Bevölkerung, die in den VAE meist aus asiatischen Immigranten besteht, nicht ausgeschlossen werden können.

Anforderungen für die Note „gut" (11 Punkte) und „ausreichend" (5 Punkte)

Die Note „gut" verlangt, dass Sie die Aufgabe vollständig erfassen und beide Teilaufgaben im Zusammenhang umfassend bearbeiten. Ihre Argumentation muss sich zum einen auf die Verknüpfung der zentralen Aussagen des vorgegebenen Bild- und Datenmaterials und sinnvoll ausgewählte Atlaskarten stützen, zum anderen auf Ihre Sach-, Methoden- und Orientierungskompetenz mit deutlichen Bezügen zur Themenstellung.

In den Ausführungen zu Teilaufgabe 1 werden die Siedlungsstruktur und die wirtschaftliche Ausstattung der VAE vor dem Hintergrund der naturgeographischen Gegebenheiten differenziert erläutert. Im zweiten Teil der mündlichen Prüfung bieten Sie eine differenzierte Analyse der Materialien M 3 und M 4 und eine ganz knappe Erörterung der Frage, wie und ob die VAE den Erdölreichtum nutzen. Ihr Vortrag ist sachlogisch strukturiert, fachsprachlich korrekt und wird von Ihnen weitgehend frei gehalten.

Die Note „ausreichend“ verlangt von Ihnen ebenfalls eine Bearbeitung beider Teilaufgaben, wobei die geographischen Lagebedingungen, die Analyse der Siedlungsstruktur und der wirtschaftlichen Ausstattung der VAE in Grundzügen gegeben sein muss. Die Diversifizierung der Wirtschaft der VAE muss im Zuge der Bearbeitung erkannt und die Nutzung des Erdölreichtums muss im Grundsatz solide erörtert weren.

Wegen der ausgiebigen Darstellung der von Ihnen erwarteten Leistungen zu beiden Teilaufgaben soll an dieser Stelle, um Redundanzen zu vermeiden, nur noch eine Art Handskizze zur ersten Aufgabe dargeboten werden, die Sie in der Prüfungsvorbereitungszeit auf eine Overheadfolie zeichnen können, um sie dann im Prüfungsvortrag/-gespräch zur Veranschaulichung Ihrer analytischen Leistung zu präsentieren.

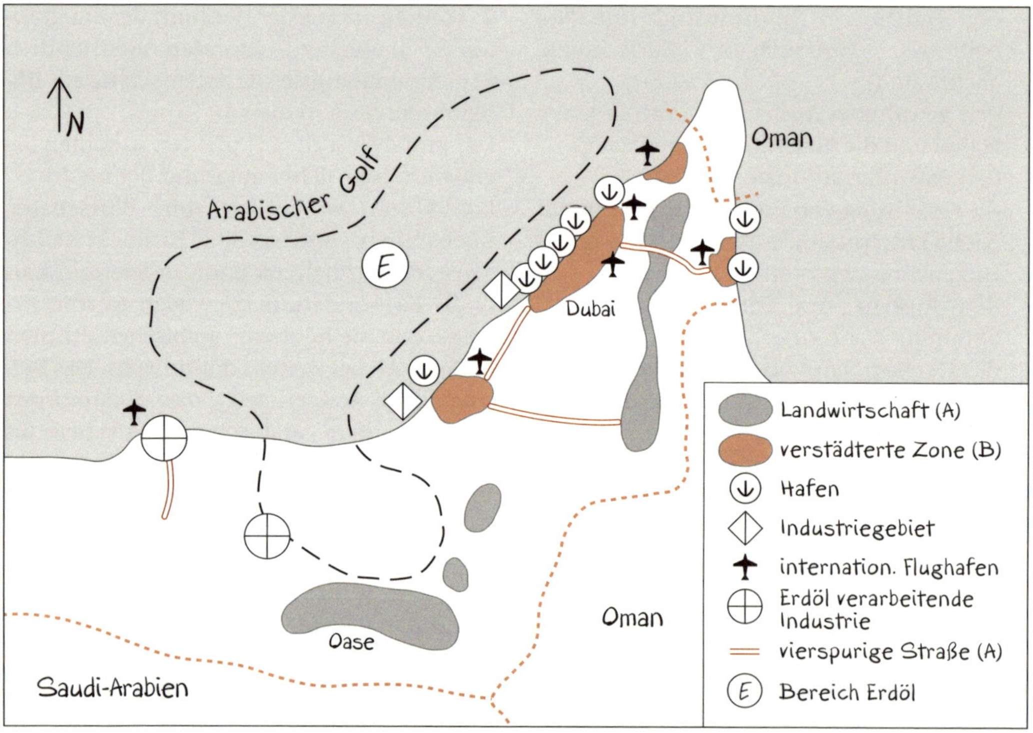

(Quelle: Mensch und Raum. Geographie 12/13. Handbuch für den Unterricht. S. 47)

4.3 Retirement Communities oder Rentnerenklaven in den USA am Beispiel von Sun City West/Arizona

Führen Sie mit dieser Aufgabe ein **Rollenspiel** mit drei Beteiligten – Prüfling, Prüfer/-in, Protokollant/-in – durch und testen Sie sich selbst.

Aufgabenstellung

1. Nennen Sie Gründe, warum viele US-Bürger ihren Alterswohnsitz in Städten wie Sun City West oder ähnlichen anderen Siedlungen der Staaten Arizona, Florida, Kalifornien oder Utah nehmen.
2. Erläutern und beurteilen Sie das Konzept der berühmtesten Retirement Community Sun City West/Arizona (M 1, M 2) und leiten Sie mögliche allgemeine Folgen dieser Migrationsart für einen Staat wie Arizona und für andere Sunbeltstaaten der USA ab.

Hilfsmittel: Atlas, Taschenrechner

Zur Orientierung: Die Lage von *Sun City West* und ihrer älteren Schwesterstadt *Sun City*

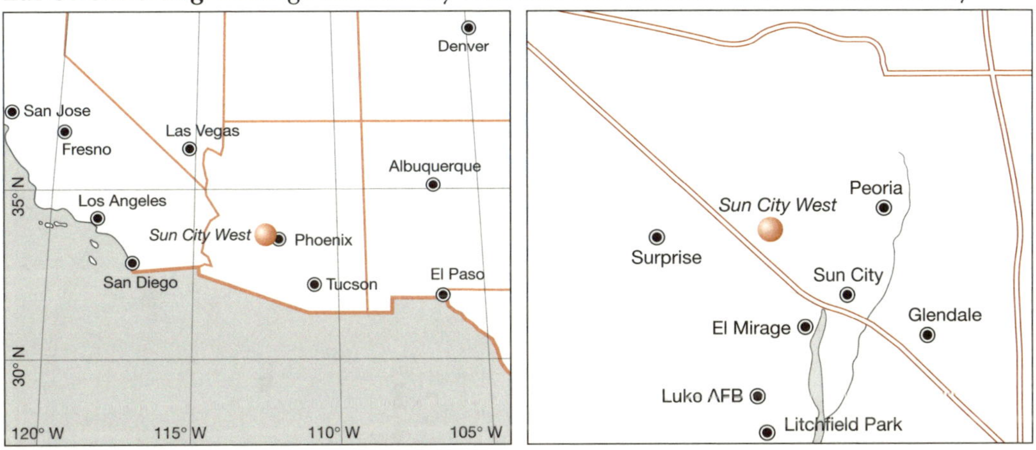

(Quelle: Internet)

M 1: Retirement Community Sun City West/Arizona, USA

(Quelle: Internet)

M 2: Bewohner von Sun City West

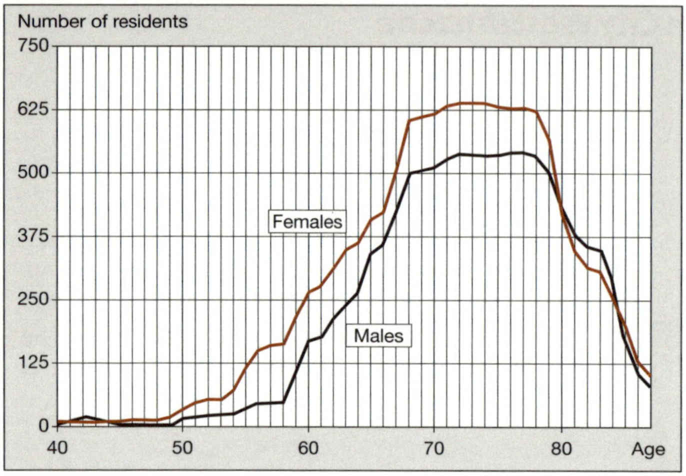

Bewohner (2000):	*38 309*
davon: – männlich	*41,1 %*
– weiblich	*58,9 %*
Zusammensetzung:	
– Weiße	*97,7 %*
– Hispanics	*1,0 %*
– Afroamerikaner	*0,5 %*
Erforderliches Mindestalter:	*55 Jahre*
Durchschnittsalter:	*75 Jahre*
Durchschnittliches Haushaltseinkommen:	*32 508 $*
Durchschnittlicher Wert der Immobilie:	*94 200 $*

(Quelle: www.city-data.com/city/Sun-City-West-Arizona)

M 3: Modell von Sun City West

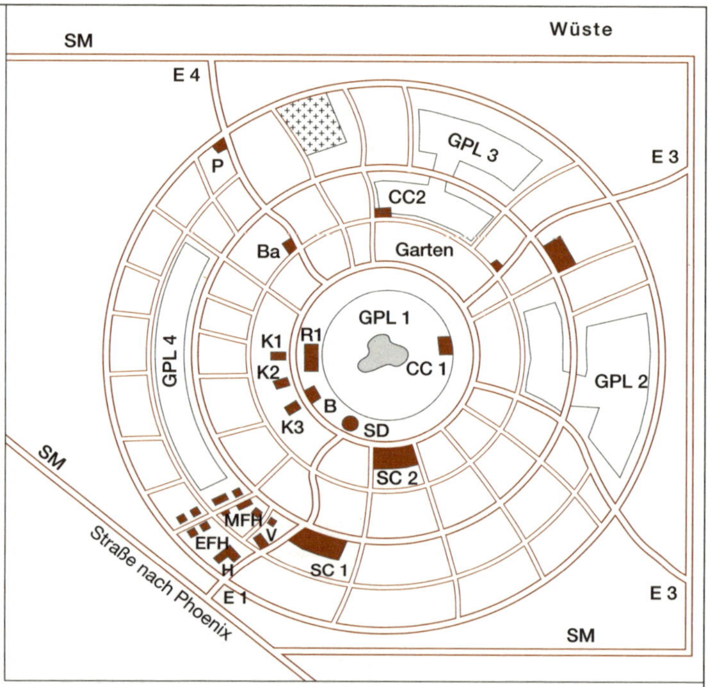

- Haupt- und Nebenstraßen
- Friedhof
- SM – Straße und Mauer (Sicherheit, „closed system“, Segregation, Exklusivität); Kreisform interpretierbar als Sonnenrad, Universum
- E 1, 2, 3 – Eingänge (Sicherheit)
- S – See, Wasser als Lebensspender
- GPL 1 – zentraler Golfplatz (live as vacation) interpretierbar als grünes Lebenssymbol
- GPl 2, 3 – Golfplätze (Aktivitäten)
- CC 1, 2 – Country Clubs (Geselligkeit)
- R 1, 2 – Rec Center (Erholungszentren, Lebensverlängerung)
- SD – Sundome (Kulturhalle, bauliche Rundform des Sonnen-„tempels“ als kultureller Mittelpunkt
- B – Bibliothek
- Ba – Banken
- SC 1, 2 – Shoppingcenter
- K 1, 2, 3 – Kirchen als architektonische Landmarken und Integrationssymbole, „Diversitas in Unitate“ (Luthern, Methodist Church, Synagoge, ges. 12)
- EFH, MFH – Zellen von Ein- und Mehrfamilienhäusern, z. T. mit Kiesgärten (desert lawn, Sauberkeit)
- H – Hospital
- P – „Posse“ selbstaufgestellte Polizei (Sicherheit)
- V – Verwaltungsgebäude

(Quelle: Praxis Geographie, H. 10, 1991, S. 33)

Welche Fragen können Sie als „Prüfer/-in" Ihrem „Prüfling" stellen?

Sie haben die Gründe für die Binnenwanderung sehr pauschal mit „kaltem und warmen Klima" beschrieben. Gehen Sie näher auf die Klimafaktoren ein.

Falls Ihnen die Antwort nicht ausreicht, helfen Sie durch eine vorbereitete Tabelle.

Klimadaten von Sun City, Arizona

	J	F	M	A	M	J	J	A	S	O	N	D
mittlere Temperatur °C	12,6	14,8	17,4	21,3	26,2	31,3	34,1	33,4	30,0	23,7	16,5	12,6
mittleres Maximum °C	20,0	22,5	25,5	30,2	35,2	40,1	42,0	41,1	38,3	32,3	24,8	20,1
mittleres Minimum °C	3,1	7,0	9,3	12,4	17,3	22,2	26,2	25,7	21,2	15,1	8,2	4,9
Niederschlag mm	20,5	19,2	19,8	8,3	3,5	2,2	23,8	25,6	20,4	13,5	16,4	22,0
Tage mit Niederschlag	4	4	4	2	1	1	4	5	3	3	2	4
Windgeschwindigkeit m/s	2	2	3	3	3	3	3	2	2	2	2	2
Luftfeuchtigkeit morgens %	64	59	56	42	34	30	43	50	48	49	56	65
Luftfeuchtigkeit nachmittags %	32	27	24	17	14	12	20	23	23	22	27	33
Sonnenscheindauer %	78	80	84	89	93	94	85	85	89	88	83	77
wolkenlose Tage	14	13	14	17	21	23	17	18	22	20	18	15
Tage mit Wolken	10	9	8	6	3	2	4	4	3	4	6	9
Schneefall mm	0	0	0	0	0	0	0	0	0	0	0	0

(Quelle: www.city-data.com/city/Sun-City-West-Arizona)

Welche Einrichtungen sind in Sun City besonders stark vertreten, welche gar nicht?

Wie spielt sich das Leben in einer Rentnersiedlung ab?

Warum ist Sun City in den Werbebroschüren und nach dem Verständnis seiner Bewohner ein „Paradies für Ruheständler"?

Inwiefern zeigen die für die Öffentlichkeit geschlossenen privaten Wohnsiedlungen (gated communities) wie Sun City einen neuen Trend in der amerikanischen Stadtlandschaft?
Gehen Sie auf die Sozialstruktur amerikanischer Großstädte ein.

Äußern Sie sich zu der Vorstellung, im Alter in einer geschlossenen Wohnsiedlung zu leben.

Zusatzfrage:
Seit einiger Zeit gibt es als Variante zu den Sun Cities, die als permanente Residenz der Rentner konzipiert sind, noch die Snowbird-Siedlungen, die von den Rentnern nur saisonal benutzt werden. Erklären Sie den Begriff. Wie ordnen Sie diesen Typ von Siedlungen in die Komplexe Binnenwanderung und Veränderung der Stadtlandschaften ein?

Register

Literatur und Quellen für die Abiturvorbereitung

P. Fischer: Pocket Teacher Abi Erdkunde. 3Berlin 2004. Cornelsen Verlag Scriptor. Der Pocket Teacher Abi enthält das Basiswissen für die Sekundarstufe II und ist als Einzelband oder im Schuber als „Cornelsen Abiturwissen kompakt" mit acht anderen Fächern erhältlich.

Zusätzlich zu den Oberstufenbänden eignen sich für Einzelthemen die sog. Kursmaterialien. Sie decken jeweils die Themen eines Kurshalbjahres ab.
Kursmaterialien/Themenbände aus dem Cornelsen Verlag:
- Innovationsraum Ruhrgebiet
- Deutschland in Europa
- Physische Geographie
- Europa – Raumstrukturen und Verflechtungen
- Nordamerika – Osteuropa/Nord- und Mittelasien
- Urbane Räume
- Stadtgeographie Berlin
- Entwicklungsländer
- Entwicklungsräume in den Tropen
- Südostasien
- Der asiatisch-pazifische Raum

Mit etwas Geschick kommen Sie an die Lehrerhandbücher, auch Handreichungen für den Unterricht genannt, heran. Oft stehen sie in der Lehrerbücherei in der Schule.

Alle Oberstufenbände enthalten ein ausführliches Register, z. T. mit Erläuterungen. Diese geographischen Fachbegriffe sollten wie Vokabeln gelernt werden.

Ohne allgemeine Nachschlagewerke kommen Sie nicht aus, da sie für Erläuterungen ausgesprochen hilfreich sind. Sehr zu empfehlen ist der Fischer Weltalmanach. Er erscheint jährlich mit detaillierten Angaben zu Ländern, Räumen, Wirtschaft, Politik, Ökologie. Falls er nicht in der Schülerbücherei steht: selbst kaufen oder sich schenken lassen. In die gleiche Kategorie fällt das Harenberg-Lexikon Aktuell.

Empfehlenswert außerdem für die Abiturvorbereitung:
Hartmut Leser (Hrsg.): DIERCKE-Wörterbuch Allgemeine Geographie. Westermann dtv, München 2001.
Dieter Nohlen (Hrsg.): Lexikon Dritte Welt. Rowohlt Taschenbuch Verlag, Reinbeck 2002.
P. Meusburger (Hrsg.): Lexikon der Geographie in vier Bänden. Akademischer Verlag Heidelberg, Berlin 2002 (für die Eigenanschaffung zu teuer, aber vielleicht stehen die Bände ja in der Lehrerbücherei).
In der Lehrerbücherei finden Sie meist auch die Fachzeitschriften für Geographie. Wenn Sie einen bestimmten Themenkreis bei der Abiturvorbereitung suchen, werden Sie sicher mehrere Beiträge finden.
Für Informationen zum Abitur können Sie im Internet die Landesbildungsserver aufrufen und natürlich auch die Adressen der Schulbuchverlage, z. B. www.cornelsen.de.

Mehr für Erdkunde-Lehrerinnen und Erdkundelehrer, aber nicht nur:
Kultusministerkonferenz (KMK): Einheitliche Prüfungsanforderungen in der Abiturprüfung Geographie. Bonn 2005.
A. Brucker, G. Kirchberg, H. Haubrich: Didaktik der Geographie Konkret. Oldenbourg Verlag. München 1997.
H.-H. Hild/W. Kunz: Wege zum Abitur. Klausurvorschläge für die Sekundarstufe II Geographie. Cornelsen Volk und Wissen.
E. Schallhorn (Hrsg.): Erdkunde-Didaktik. Cornelsen Verlag Scriptor. Berlin 2004.
Y. Schleicher (Hrsg.): Computer, Internet & Co. im Erdkundeunterricht. Cornelsen Verlag Scriptor. Berlin 2004.